# Never Too Small

## Vol. 2

네버 투 스몰 2

1판1쇄 펴냄  2026년 4월 8일

기획 콜린 치
글 조엘 비스, 커밀라 잰슨 밴 뷰런
번역 이원열
감수 건축사사무소 서가

펴낸이 김경태
편집 조현주 홍경화 강가연
디자인 박정영 김재현 | 마케팅 정현우 김예은
펴낸곳 (주)출판사 클
출판등록 2012년 1월 5일 제311-2012-02호
주소 03385 서울시 은평구 연서로26길 25-6
전화 070-4176-4680 | 팩스 02-354-4680 | 이메일 bookkl@bookkl.com

ISBN 979-11-94374-70-1  14540

# Never Too Small

## Vol. 2

기획 콜린 치
글 조엘 비스, 커밀라 잰슨 밴 뷰런
번역 이원열

네버 투 스몰 2

공간의 한계를
창의적으로 활용하는
작은 집 인테리어 디자인

# 목차




**일러두기**

• 한국 독자들을 위해 주석은 옮긴이가 달았다.

# 머리말

거주할 수 있는 도시 지역을 확장해야 한다는 압력이 커지는 현재, '네버 투 스몰'의 우리는 작은 주거 공간 생활small-footprint living을 받아들이는 것이 해답이라고 그 어느 때보다 확신하고 있다. 세계 인구는 늘어나고 천연자원에 대한 부담은 점점 커지는 상황에서 우리는 작은 주거 공간에 대한 고려가 도시의 높은 인구 밀도에 대한 해결책이라고 믿는다.

그런데 작은 주거 공간의 관점을 받아들인다는 건 무엇을 의미할까? 그저 작은 아파트를 짓는다는 의미만은 아니고, 사려 깊은 디자인과 건축에 더 가깝다. 건물을 철거하고 다시 짓기보다는 개조하거나 새로 꾸며서 에너지 성능을 높이는 일도 포함된다. 기차역 주차장 위 공중 공간 등 활용도가 낮은 공간도 이 대상이 될 수 있다. 본질적으로, 이것은 기존 공간의 잠재력을 최대화하는 행위다.

새로 건축해야 한다면, 어떤 재질과 방법을 선택해야 자연환경에 대한 영향을 최소화하는 것일지 깊이 고민해야 한다. 현재 우리는 매년 약 1천억 톤 정도의 원자재를 지구에서 가져다 쓰고 있으며, 거의 절반을 건축 산업에서 필요로 한다. 우리는 각자의 능력 안에서 할 수 있는 일을 해야 한다.

우리는 가장 환경친화적인 건물은 이미 있는 건물이라고 믿는다. 이 책《네버 투 스몰 2》에서 우리는 소규모 디자인이 기존 건물을 어떻게 바꿀 수 있는지 탐구한다. 이는 곧 사람 중심의 접근을 도입해서 개인의 취향, 서사, 문화적 배경, 연령대, 다양한 가구 형태를 존중하는 작은 주거 공간 생활을 만드는 일이기도 하다.

그래서 우리는 가족 주거 공간을 소개하는 섹션을 마련했다. 도시에 살면서 미래 세대를 기를 수 있어야 함을 인식했기 때문이다. 이를 가능하게 하려면 공간 구성이 아주 중요하다. 그래서 이 책에 등장하는 모든 집의 개조 전과 후 평면도를 실었다. 평면도를 살펴보면 공간 변화가 거주자에게 미친 긍정적 영향을 볼 수 있다. 또한 사진과 평면도를 아수 꼼꼼하게 들여다 보면 우리는 기주자를 더 깊이 이해할 수도 있다. 마치 그들이 어떤 삶을 사는지 개인적으로 아는 것처럼 느껴진다.

이 책에서 지속 가능한 재료를 실험하고, 역사적 건물을 새롭게 활용할 가능성을 탐구한 건축가들과 디자이너들을 소개할 수 있어 기쁘다. 우리는 여섯 개의 섹션(더하기와 빼기, 다기능 공간, 적응적 재사용, 실험적 접근, 지속 가능한 해법, 가족을 위한 집)을 통해 전 세계의 뛰어난 작은 주거 공간 디자인 중 희망적이고 고무적인 예를 보여줄 수 있도록 세심하게 배치했다.

작은 주거 공간 사고방식은 집이라는 물리적 공간의 영역을 넘어선다. 이런 삶의 방식이 넓고 깊게 퍼지기 위해서는 도시 측에서 이를 지원하는 방식으로 변화해야 한다. 우리 고향 멜버른은 2018년부터 '20분 생활권'이라는 개념을 기준으로 도시 계획 의사 결정을 내리고 있으며, 우리는 전 세계에서 더 많은 도시들의 지속 가능하고 밀도 높은 성장을 위해 이와 비슷한 체제가 채택되기를 고대하는 중이다.

이 모든 원칙들을 성공적으로 적용한다면, 도시들은 인구와 기후변화의 해결책이 될 것이다. 녹지 개발을 줄이고, 편의 시설과 가까운 동시에 잘 연결되고 활발한 공동체가 있는 지역에 더 많은 사람들이 산다면, 이런 과제는 극복 가능하다.

《네버 투 스몰: 작아도 편리하고 아름다운 집 인테리어 디자인》의 후속작인 이 책은 영감을 전달하고자 만든 책이다. 우리는 영감을 주기 위해 창조하며, 또한 당신의 창의성에 영감을 받는다. 설령 당신이 작은 집에 살고 있지 않다고 하더라도 당신은 우리의 동지가 될 수 있다.

우린 진전을 이뤄내고 있다. 당신이 이 책을 좋아하길 바란다. 동참해줘서 고맙다!

오티에의 '노상강도 의자Bandit
Chair'가 친구들이 만든 여러 작품들과
조화를 이루며 배치되어 있다.

### 더하기와 빼기

이 섹션에서는 작은 공간을 리노베이션할 때 마주하는 문제와 가능성을 탐구한다. 봉착한 문제는 디자인할 때 어떤 요소를 더하거나 빼면서 해결할 수 있다. 요소를 덜어내면 공간을 깔끔하게 만들고 최대한 넓게 쓰는 것이 가능하다. 요소를 더하면 수납을 최적화하고 공간에 기능이 추가된다. 시드니의 비샬레(12쪽)와 부에노스아이레스의 카사 쿠보(22쪽)는 작은 공간 디자인의 유용함과 공간 최적화를 보여주는 좋은 예시다.

### 다기능 공간

다기능 공간은 작은 집을 최대한 활용할 수 있게 만들어서 귀중한 면적을 아껴주고 보다 널찍한 느낌을 받게 한다. 이 공간들은 유연성과 융통성이 갖춰져서 그때그때 바뀌는 필요에 맞춰 공간을 쉽게 바꿀 수 있다. 시드니의 마크 II(96쪽)가 좋은 예인데, 단순한 빌트인 캐비닛, 머피 베드, 숨겨진 책상을 설치해서 한 공간을 시간에 따라 침실, 사무실, 거실로 바꿔 활용한다.

### 적응적 재사용

도시화와 동시에 환경 의식도 높아지는 지금, 적응적 재사용은 기존 건축물을 기능적이고 친환경적인 주거지로 탈바꿈시킨다. 적응적 재사용은 자원을 아끼면서 비용을 줄이고 건물의 고유한 특성과 역사를 존중하는 방법이다. 이탈리아 만토바에 있는 모놀로칼레 EFFE(162쪽)의 건축가들이 이 방법을 잘 보여주는 대표적인 사례다. 리노베이션 중 수 세기 전의 벽을 발견한 디자이너들은 이 벽을 중심 요소로 받아들여 놀라운 변신을 통해 역사적 의미를 지켜냈다.

### 실험적 접근

작은 주택을 디자인할 때 실험적 접근을 하려면 건물의 제약에 도전하고 창의성을 발휘해야 한다. 실험적 접근은 표준에 의문을 던지고 공간을 다시 상상할 수 있도록 만든다. 파리의 맥시멀리스트 미니 로프트(198쪽)는 과감한 색상과 질감을 사용해 개인의 취향이 많이 반영된 공간이 되었고, 바르셀로나의 EG112 단순한 주택(208쪽)은 항해가 테마인 개방형 욕실을 다른 공간과 통합했다. 이러한 예들은 실험이 기능성을 높이고 독특한 분위기를 만들어내는 방식임을 보여주며, 누구나 접근 가능한 해결책도 대단한 디자인으로 변신할 수 있음을 증명한다.

### 지속 가능한 해법

이 섹션은 작은 공간 디자인에 있어 지속 가능성이 얼마나 필수적인지 탐구한다. 여기 소개된 집들은 창의성, 효율성, 의식적 의사 결정을 모두 포함한다. 환경적 영향을 고려하여 패시브 냉난방 시스템 도입 등 혁신적 전략을 활용했으며, 자원을 낭비하지 않고 에너지를 절약할 수 있게 했다. 프랑스 소나무 합판 가구와 버려진 물건들을 활용한 파리의 주르댕(228쪽)은 경제성과 지속 가능성의 좋은 예다.

### 가족을 위한 집

편의 시설과 지역 공동체를 고려해 도심지의 작은 집을 고르는 가족들이 늘어나고 있다. 이 섹션에서는 가족들의 필요에 따라 변화해온 창의적인 디자인들을 선보인다. 오사카의 F-하우스(266쪽)가 주목할 만한 예이다. 수평으로 공간을 확장하여 모든 부분을 극대화했다. 로프트는 수납공간이자 아이들이 놀기 좋은 은신처인데, 아담한 공간이 기능적이며 가족을 위한 즐거운 집으로 변신할 수 있음을 보여준다.

# 1

작은 공간을 리노베이션 또는 리디자인하는 작업에는 독특한 어려움과 기회가 따른다. 공간이 제한적이다 보니 더하거나 빼는 모든 요소가 수납, 프라이버시, 레이아웃 등 전반적인 집의 기능에 엄청난 영향을 준다. 조화롭고 효율적인 생활 공간으로 만들어내려면 전략적으로 요소를 추가하거나 제거하는 능력이 꼭 필요하다.

요소를 빼면 공간이 정돈될 뿐 아니라 최대한 넓게 쓸 수 있다. 우선 공간 구성을 세심하게 검토하면서 불필요하거나 덜 활용하는 부분을 파악하고 제거하면 소중한 공간을 확보할 수 있다. 이 과정은 각 요소의 목적과 기능, 전체적인 디자인에 대한 기여도를 비판적으로 평가하는 일이다. 무언가를 빼면 새로운 가능성을 발견하고 공간을 더 넓어 보이게 만들며 동선 흐름이 편안해질 가능성이 생긴다.

반면 요소를 더하는 건 새로운 기능을 추가하는 일이다. 작은 공간에서는 한 뼘 한 뼘이 다 소중하다. 잘 계획해서 추가한 요소는 큰 차이를 만든다. 거주자의 필요와 선호에 따라 요소를 전략적으로 추가한다면 수납공간 확보, 프라이버시 개선, 다기능 공간 활용 등을 꾀할 수 있다. 영리한 빌트인 수납, 혁신적인 칸막이 가구부터 창의적인 가구 선택까지, 엄청난 가능성이 열리는 것이다.

건축가 맷 레이놀즈는 시드니에 있는 자신의 집 비샬레를 직접 디자인했다. 책을 비롯해 아끼는 물건의 수납에 초점을 맞춘, 극단적인 DIY 접근 방식을 보여주고, 작은 주거 공간 디자인의 가능성과 유연성을 강조했다.

건축가 토룬 박스비크 스카르스타와 마티아스 미차테크가 부에노스아이레스에 위치한 자신들의

# 더하기와 빼기

집 카사 쿠보에서 기능성과 다목적 디자인 요소를
강조한 것도 그와 비슷하다. 화장실과 창고를
영리하게 가린 계단이 좋은 예다.

케마 스튜디오는 포르투갈 마르빌라에서 다락방
아파트를 작업할 때 천장의 높이가 제각각이라
평면 설계에 애를 먹었다. 이를 해결하기 위해
출입문을 아파트 한가운데로 이동했고 그 결과
공간을 유연하게 재구성할 수 있었다. 기존 바닥
면적을 최대한 활용하기 위해 확장했고, 두 개의
알코브를 기발하게 활용해 점점 낮아지는 천장
끝을 디자인으로 풀어냈다.

타이완 타이베이에 있는 IT의 집에서는
수납공간인 동시에 공간에 유기적 아름다움을
더해주는 계단이 돋보인다. 한쪽 벽면 전체를 큰
유리창으로 채운 덕택에 침실에서 자연광과 주위
풍경을 즐길 수 있다. 기능과 미감을 조화롭게

결합한 디자인이다.

요소를 빼고 더하는 과정에서 균형을 잡는 것은
최적화된 작은 주거 공간 디자인의 열쇠다. 모든
결정에는 목적이 있어야 하며 전반적인 공간
제약을 고려해야 한다. 최종 목표는 모든 요소가
특정한 역할을 맡으며 미감과 사용성 둘 다 높인
집을 만드는 것이다.

# 비샬레

## beâCHâlet

↗ 51m² / 15.4평
👤 매터 스튜디오mattr.studio
📍 호주 시드니 브론테

시드니 중심업무지구에서 남쪽으로 불과 10킬로미터 떨어진 브론데 비치는 세계에서 가장 아름다운 도시 해변 중 하나이자 호주에서는 최고라 손꼽히는 곳이다. 오션 풀, 인기 카페, 새벽 운동 모임 등이 있는 이곳은 햇빛이 조금이라도 비친다 싶으면 해변으로 지역 주민과 방문객들이 모여 액티비티를 즐기는 중심지다.

이런 곳은 엄청나게 비싸게 마련이다. 상당한 투자가 필요한, 다 허물어져가는 작디작은 집조차 만만치 않다. 예리한 시각으로 고급 지역의 작은 집에서 가능성을 찾은 매터 스튜디오의 맷 레이놀즈는 이 낡은 아파트를 고급스러운 휴식처로 탈바꿈시킬 기회를 포착했다. 이제 이곳은 비샬레*라 불린다.

레이놀즈는 "오션 뷰, 해변 근처의 주차장 그리고 단지 내에서 가장 관리가 소홀했던 곳을 개선할 기회"에 끌렸다고 한다. 세련되고 효율적인 일본과 스칸디나비아 건축, 요트와 이동식 주택에서 볼 수 있는 기발한 공간 활용에서 영감을 받아, 레이놀즈는 맞춤 제작 가구를 이용해 놀라울 정도로 넉넉한 수납공간을 갖춘 활용도 높은 공간으로 완성했다.

● 영어 단어 beach와 집을 의미하는 프랑스어 단어 chalet를 합친 이름.

문을 열고 일본의 겐칸玄関(현관)에서 영향을 받은 현관에 들어가 자마자 재팬디Japandi● 스타일이 확 느껴진다. 앉아서 신발을 벗을 수 있는데, 의자를 앞으로 젖히면 수납공간이 나온다.

입구와 주방을 분리하던 벽을 없앤 것이 주요 변화 중 하나다. 레이놀즈는 대신 다기능 가구를 설치했다.

이 가구는 맞춤 제작했고 스타일과 기능성을 모두 갖췄다. 이 점은 오픈플랜 거실과 다이닝 공간에서 가장 두드러진다. 이 공간의 벽을 따라 설치된 플로팅 책장이 공간 전체를 하나로 이어준다. 타공판으로 된 슬라이딩 문을 이동하면 텔레비전과 진열 선반이 나오고, 문을 벽 끝까지 밀면 입구 쪽까지 간다. 커튼 뒤에는 홈 짐 시설이 숨어 있다. 소파 두 개를 재배치하면 거실은 손님용 단독 침실로 변한다.

집 크기에 비해 주방은 넉넉한 편이다. 주방용품이 다 갖춰져 있고 조리 공간도 널찍하다. 찬장, 서랍, 조리대 아래 문은 검은 유광 아크릴로 마감했다. 창문 쪽 찬장은 창문과 유리 그릇을 통해 햇빛이 들어오도록 투명 아크릴로 둘러쌌다. 검은색 스테인으로 마감한 코르크 바닥 타일은 이곳에 독특한 느낌을 더한다.

비샬레의 두 침실은 기능성과 디자인을 연구한 결과다. 가장 큰 침실에서는 조금 높은 가구식 평상 위에 침대를 두었고, 평상 아래엔 장기 보관용 수납공간과 여닫기가 쉬운 서랍이 숨어 있다. 한쪽 벽을 가득 채운 맞춤 제작 가구에는 옷장, 서랍장, 옷 보관을 위한 상부 수납장이 갖춰졌다. 옷장 전체에 붙은 거울과 방 양쪽 끝의 거울이 서로 빛을 반사해 실제보다 방이 더 넓어 보인다. 다른 침실은 다기능 공간이다. 손님방인 동시에 접이식 책상이 있어서 추가 작업 공간이자 자전거를 거치할 수 있는 독특한 벽을 갖춘 레이놀즈의 스포츠 장비 창고이기도 하다.

레이놀즈의 집은 동네에서 크게 인기를 얻었다. 손님들은 '디테일까지 신경 쓴 점, 아늑한 느낌, 모든 것에 목적이 있는 실용성'에 주목했다고 한다. 비샬레는 새로 건물을 짓는 대신 기존 건물을 재창조하는 방법이 미래형 해결 방식임을 보여주는 좋은 사례이다.

**12쪽**
레이놀즈의 책 등 여러 관심사가 근사하게 전시된 플로팅 책장이 거실 겸 다이닝 공간을 둘러싸고 있다.

● 일본의 미감과 스칸디나비아 디자인을 섞은 스타일. Japan과 Scandi를 합친 말.

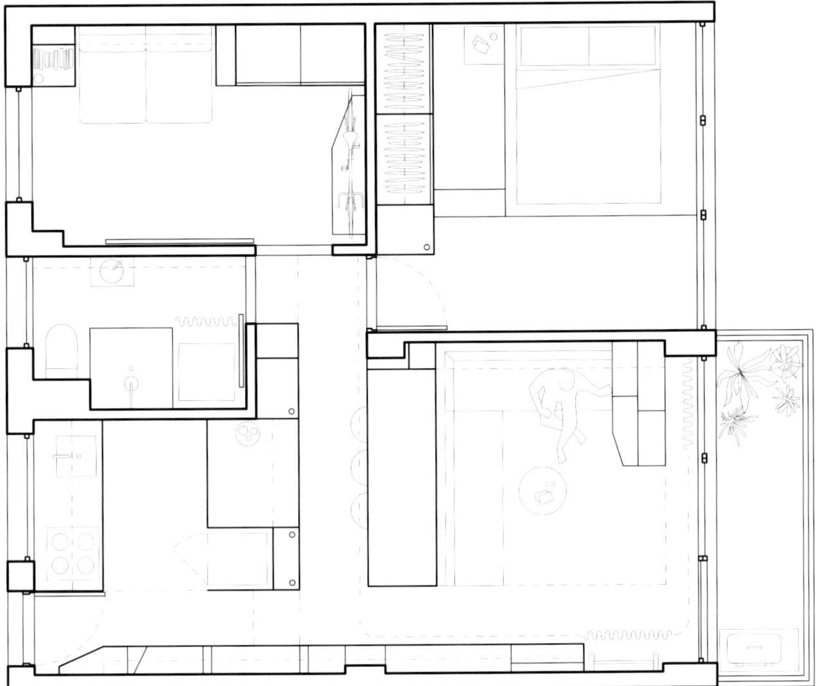



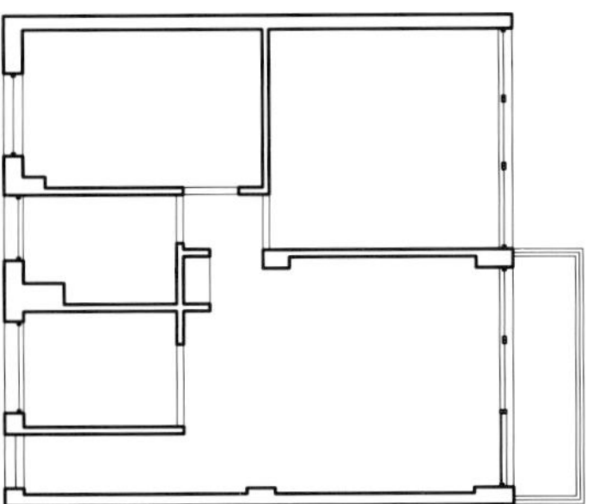

축척 1:100

손님들은 '디테일까지 신경 쓴 점, 아늑한 느낌,
모든 것에 목적이 있는 실용성'에 주목했다.

**왼쪽 위**
타공판 벽면은 레이아웃에 유연성을
더하고, 물건을 걸어둘 추가 공간
역할도 한다.

**왼쪽 아래**
슬라이딩 문은 필요할 때 움직여
여러 기능으로 활용할 수 있는
기발한 장치다.

**오른쪽**
겐칸에서 영감을 받은 비샬레
입구에서 활용되지 않은 공간이란
없다.

**왼쪽**
공간이 더 밝고 넓게 느껴지도록 하는
아주 좋은 방법 중 하나가 거울이다.

**오른쪽**
공간이 좁아도 비샬레엔 앉을 자리와
느긋하게 쉴 공간이 넉넉하다.

# 카사 쿠보

## Casa Cubo

↗ 59m$^2$ / 17.8평
👤 Arqs. 미차테크스카르스타
Arqs. MichatekSkarstad
📍 아르헨티나 부에노스아이레스
파르케 차카부코

건축가이자 건물주인 토룬 박스비크 스카르스타Torunn Vaksvik Skarstad와 마티아스 미차테크Matías Michatek는 추운 지역 출신이다. 그래서 부에노스아이레스에 있는 그들의 집 카사 쿠보는 이 도시 특유의 실내/실외 문화를 반영했다.

"이 집의 부지가 7제곱미터고, 높이도 7미터라는 점이 우린 아주 좋았습니다. 그래서 카사 쿠보●라는 이름이 나왔죠." 스카르스타의 설명이다.

● 정육면체 집.

● 안으로 움푹 들어간 공간.

이 아파트는 원래 중앙의 파티오patio를 중심으로 지어졌다. 모든 방은 파티오를 통해서만 들어갈 수 있었고, 방 사이를 연결하는 문은 아예 없었다. 스카르스타와 미차테크는 평면 구성을 크게 바꾸고, 새 사무실, 주방, 다이닝 공간이 자리할 1.5층을 추가했다. 새로 들어간 층은 가벼운 아연 도금 강판 지붕을 덮은 단순한 철재 프레임 구조로 만들어졌다.

"우린 늘 건물의 잠재력에 관심을 가졌고, 다른 것보다는 어떻게 하면 이 공간을 최대한 활용할 수 있을지를 더 생각했습니다." 미차테크의 말이다.

설계가 크게 바뀌었지만 집의 입구인 파티오는 여전히 중요한 요소다. 단순하지만 식물이 가득한 녹색 공간이 들어오는 이를 맞아준다. 파티오가 집 안팎을 잇는 공간임을 처음으로 보여주는 곳이기도 하다. 파티오 한쪽 벽을 따라 벤치형 알코브●가 있고, 그 아래 수납공간에 연장과 정원 관리 장비를 보관했다.

파티오는 곧바로 거실로 이어진다. 가구와 장식품은 모두 높이가 낮아, 환한 흰색 벽과 넉넉한 위쪽 공간, 산뜻하고 매력적인 계단의 아우트라인을 돋보이게 한다. 책과 텔레비전을 두는 두 개의 가구는 맞춤 제작했다.

침실은 거실 바로 옆에 위치했다. 침대 옆의 작은 알코브는 수납공간으로도 기능한다. 기발하게도 침실 안에서 벤치형 알코브의 서랍을 사용할 수 있어 옷을 넣어둘 수납공간이 더 확보된다.

이 집의 가장 중요한 중심은 계단이다. 흰 종이에 연필로 선을 그린 듯한 계단은, 금속으로 제작한 다기능 구조물이자 최소한의 공간만 차지하면서 이 아트리움의 절제미를 보여주는 대표적인 요소다.

계단 아래 길고 좁은 공간에는 화장실이 자리했다. 넓지는 않지만 있을 것은 다 있고, 화장실과 넉넉한 크기의 샤워실이 갖춰졌다. 반대쪽에는 손님을 위한 작은 화장실이 마련됐다.

사무실은 첫 계단참에 작게 만들었다. 사무실 한쪽 벽은 금속판으로 만들어져 메모를 남길 수 있는 거대한 자석판 역할도 한다. 커다란 여닫이창이 한쪽 벽 전체를 차지해서 활짝 열어두면 환기가 잘되고 자연광이 넘치도록 들어온다.

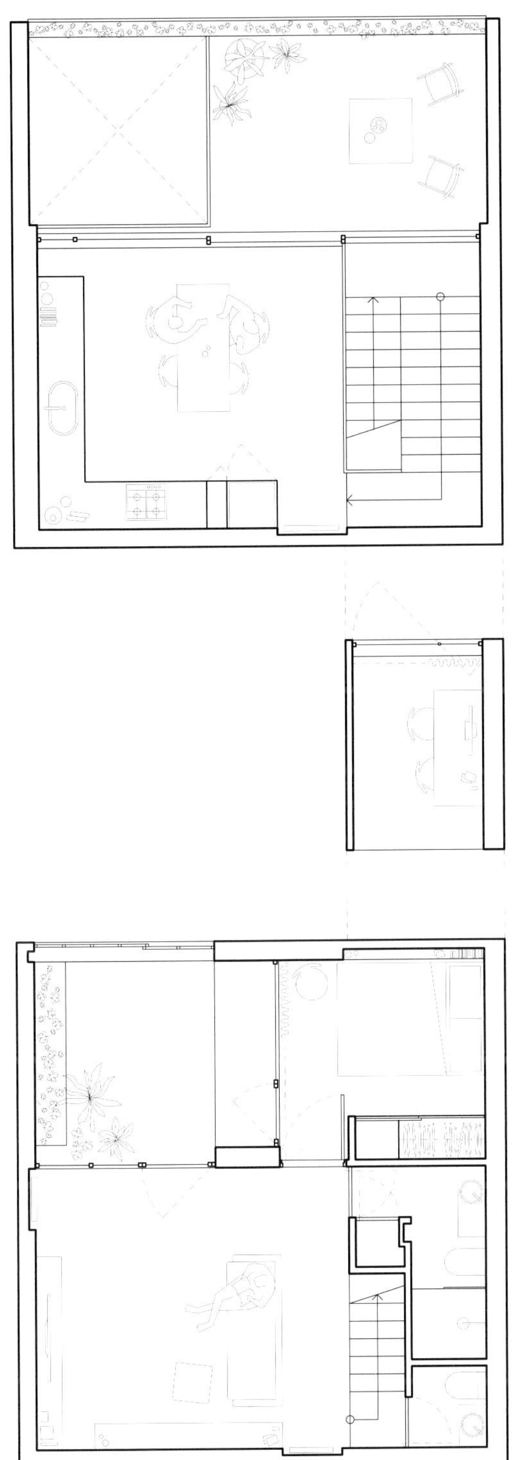

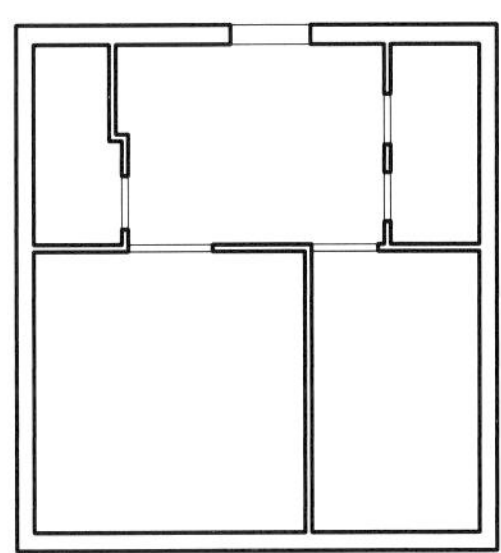

후

축척 1:100

주방 찬장과 식탁은 모두 원산지가
남미인 과탐부 나무 합판으로
만들었다.

**오른쪽**
짙은 견목 헤링본 마루 바닥은
전반적으로 밝은색인 다른 재질들과
강한 대조를 이룬다.

이 집은 대부분 흰색이고 미니멀하지만
차갑거나 절제되었다는 느낌은 전혀 들지
않는다.

이 집은 대부분 흰색이고 미니멀하지만
차갑거나 절제되었다는 느낌은 전혀 들지
않는다.

사무실에서 짧은 계단으로 올라가면 주방, 다이닝 공간, 테라스로 이어진다. 양쪽 벽에 창문이 있다. 이 층에선 유리와 나무만큼이나 하늘이 많이 보인다.

세련되고 미니멀한 주방 찬장과 아름다운 식탁은 남미가 원산지인 과탐부 나무 합판으로 제작했고 스카르스타와 미차테크가 직접 디자인했다.

슬라이딩 유리창을 열면 대나무가 잘 자라고 있는 흰 금속 화분들이 늘어선 널찍한 테라스가 나온다. 화분 역시 이들이 디자인했고, 창문, 계단 난간과 마찬가지로 이곳에서 용접해서 만들었다.

이 집은 대부분 흰색이고 미니멀하지만 차갑거나 절제되었다는 느낌은 전혀 들지 않는다. 꼭대기 층은 실내와 실외가 이어지는 즐거움이 영원한 곳이다. 집 전체에서 편안히 흐르던 빛은 여기서 최고조에 이르며 가장 밝게 빛난다.

# IT의 집

## IT's House

↗ 70m$^2$ / 21평
👤 2 북스 디자인Books Design
📍 타이완 타이베이 원산구

이 집의 디자인은 주인의 두 반려묘 밀리Millie와 하나Hana에게서 영감을 받았다. 건축가 제프 윙Jeff Weng은 "고양이들은 창밖 내다보기, 누워서 뒹굴기, 햇빛 쬐기를 좋아한다"라고 설명했다.

햇빛이 가득한 공간과 깨끗하고 밝은 미감을 지닌 IT의 집에서는 반려묘와 건축이 놀라울 정도로 쉽게 연결된다.

타이완 타이베이 남쪽 징메이강 옆 아파트 건물에 있는 이 집은 채광을 위해 면적을 70제곱미터(21평)까지 줄였다. 전주인이 설치한 메자닌mezzanine•은 수직적 공간감을 주고 빡빡하게 들어찬 느낌을 없애기 위해 철거했다.

계단의 방향과 재질 역시 '공간의 개방감을 높이고 덩치 큰 계단이 주는 억압감을 줄이기 위해' 바꿨다. 쌓은 자작나무 합판과 시멘트를 기초로 한 철재 트러스truss•• 계단을 설치했다.

현관문을 열면 둥근 벽 수납장이 보인다. 현관에서 창문처럼 보이도록 일부러 크게 만들었다. 복도는 거실과 주방으로 연결된다. 입구에서 주방까지 이어진 라인 조명이 시각적 가이드 역할을 하고, 전체적인 공간의 깊이감을 늘린다. 거실이 더 개방적으로 보이는 효과도 있다.

주방은 복도 끝에 자리했다. 건축주가 주방 쪽에 식탁을 두지 않아도 된다고 해서 아일랜드를 설치했다. 주방은 위치마다 높이가 달라서 천장이 높은 곳에는 세탁기와 건조기를 보관하는 합판 수납장을 짤 수 있었다. 주방 틈새 공간에는 수납장과 높이가 똑같은 냉장고와 찬장을 두었다. 주방에서 슬라이딩 도어를 열고 나가면 작은 발코니가 나온다. 작지만 반가운 실외 공간이다.

• 로프트loft라고도 하며 한국에서 흔히 복층이라 불리는 공간. 층고가 높은 공간의 일부에 한 층을 더 추가해서 2층처럼 사용하는 곳.

•• 떠받치는 구조물.

**30쪽**
건축가 제프 윙은 "작은 공간의 모든 모퉁이는 전적으로 활용되어야 하지만, 꼭 수납에만 국한되는 건 아니다. 그 공간만의 분위기를 만들어내기 위해 사용되는 경우가 더 많다"라고 말했다.

**오른쪽**
입구에서 보이는 크고 둥근 벽 수납장은 창문의 형태를 닮았다.

주방 아일랜드 근처의 토고 소파가 거실의 분위기를 만들어낸다. 벽걸이 텔레비전에 딸린 전선과 기타 장비는 수납장 바로 밑에 들어 있어 바닥엔 잡다한 것이 없고 깨끗하다.

침실은 위층에 있다. 한쪽 벽이 통유리라서 위아래 층 사이의 시야를 막는 것이 거의 없다. 윙은 침대를 유리 벽 옆에 둔 건 "잠들기 전에 침대 끄트머리에 앉아 밤하늘을 즐길 수 있기 때문"이라고 한다.

화장실과 옷방은 침실에 붙어 있다. 타일을 쓰는 대신 무기질 도료로 벽을 칠했고, 표면의 틈새 부분은 미니멀한 느낌을 강조하기 위해 메꾸었다. 흙손으로 콘크리트를 바른 듯한 벽과 최대한 어울리도록 세면대도 비슷한 질감으로 맞추었다. 윙은 "스테인리스스틸의 여림과 무기질 도료의 거침을 강조하기 위해" 스테인리스스틸 액세서리를 썼다며, "이러한 대조가 서로의 질감을 돋보이게 한다"라고 설명한다.

후

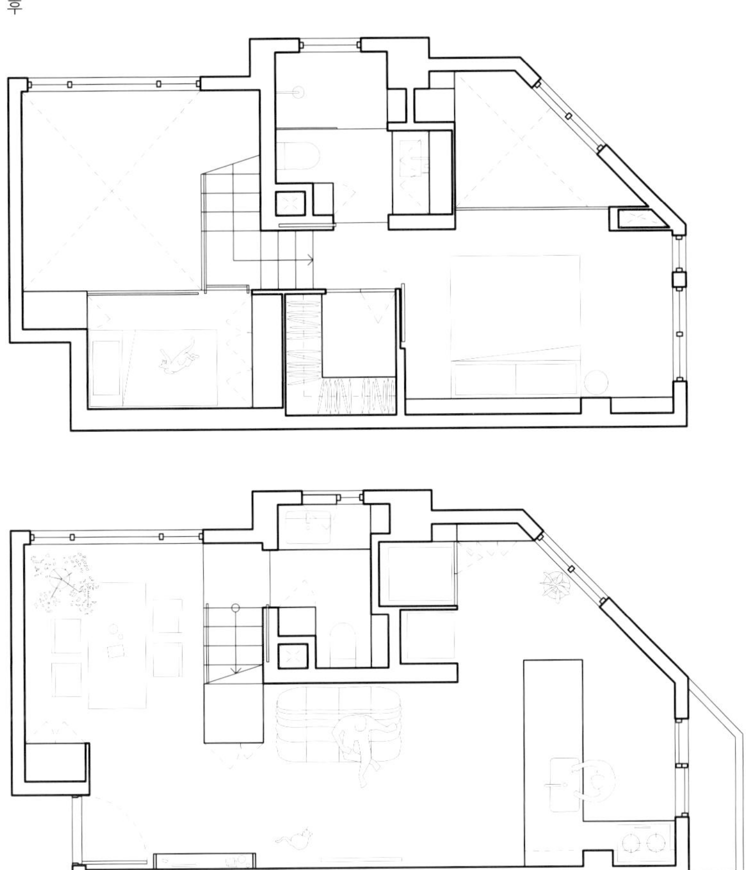

전

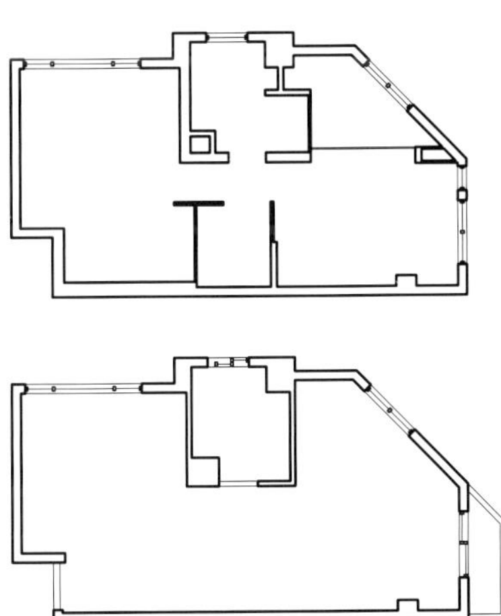

축척 1:100

**아래**
계단은 원래는 반대 방향으로 놓여
있었다. 지금 방향에서는 창고와
고양이 화장실을 가리는 기능도 한다.

**오른쪽**
토고 소파는 거실에 버터처럼
부드러운 질감을 더한다.

다시 아래층으로 내려오면, 주방에서 이어진 작업 공간이 있고 큰 창문이 두 개가 있어 빛이 잘 들어온다. 널찍한 작업 테이블은 가끔 필요할 때면 식탁 역할도 한다. 계단 아래에는 창고와 고양이 화장실도 마련됐다.

웡은 IT의 집의 미감은 "섬세하고 느긋하며, 미니멀하고 소박하다"라고 설명하는데 이는 적절한 표현이다. 주의를 분산시키는 것들이나 잡동사니가 없는 고요한 집이다. 이곳에 살고 있는 사람과 고양이들과 완벽하게 어울린다.

햇빛이 가득한 공간과 깨끗하고 밝은 미감을
지닌 IT의 집에서는 반려묘와 건축이 놀라울
정도로 쉽게 연결된다.

**왼쪽**
작은 공간의 모퉁이도 '공간의
분위기'를 만들어낼 수 있다는 게 웡의
철학이다.

**아래 왼쪽**
화장실의 콘크리트 세면대는
스테인리스스틸 하드웨어와 질감에서
대조를 이룬다.

**아래 오른쪽**
화장실과 옷방에는 무기질 도료를
사용해서 질감을 더하면서 두 공간이
이어지는 듯한 연결성을 만들었다.

# 르보프스카

## Lwowska

↗ 32m² / 9.7평
⚥ 피갈로푸스pigalopus
◎ 폴란드 크라쿠프 포드구르제

카롤리나 호두르Karolina Chodur와 말비나 브로비에츠Malvina Browiec는 르보프스카의 구조를 일절 바꾸지 않았다. 노련한 인테리어 건축의 힘을 보여주는 예다. 나중에 공간을 다시 구성할 때를 고려해 다기능 가구를 사용하여 밝고 바람이 잘 통하며 흥미로운 32제곱미터(9.7평) 집을 만들어냈다.

르보프스카는 폴란드 크라쿠프의 포드구르제 도심 근처에 위치한 비교적 신축 건물에 있다. 파트너와 개 비후라Wichura와 함께 이곳에 사는 호두르는 창문과 채광에 반했다. 이 프로젝트의 목표는 거실을 최대한 넓게 느껴지게 하고, 벽을 추가하거나 집 안의 빛과 흐름을 막지 않으면서 공간을 작은 구역으로 나누는 것이었다.

현관 통로에는 코트와 신발을 보관하는 틈새 공간과 거실을 비추는 알약 모양의 거울이 있다. 바닥에 한 줄로 배치된 회색 타일이 현관의 경계를 만든다. 나머지 바닥은 오크 마루로 마감했다. 발 아래에 따스함을 주기 위한 선택이었다.

호두르와 브로비에츠는 드리스 오턴Dries Otten과 브뤼셀의 B-ILD 아키텍츠Architects 같은 현대 벨기에 건축가들에게 영감을 받았다. 이들은 기하학적 형태와 색상을 사용하여 밝고 따뜻한 인테리어에 반전을 넣는다.

르보프스카의 '반전' 중 하나는 거실과 침실 영역을 나누는, 천장까지 이르는 수납장이다. 이케아IKEA 책장에 문을 달고 철재 프레임과 자작나무 합판 선반을 사용해 개조했다. 이동도 가능하다.

선반 아래 부분은 거실과 침실 양쪽에서 모두 사용 가능하고, 침대 옆 테이블과 두 구역을 잇는 '재미있는 창문' 역할을 한다. 침대 프레임을 높여서 침대 아래의 수납공간을 쉽게 쓸 수 있다.

다이닝 구역에는 원탁을 두어서 움직이기 편하다. 주방은 흰색으로 마감해서 배경 톤은 중립적이며, 화강암 싱크대와 오크 상판이 눈에 띈다. 창문 앞에 상판을 추가해, 멋진 경치를 감상하며 음식을 준비할 수 있도록 했다.

"빛이 가구 바로 위로 떨어지지 않도록 메인 조명을 디자인하는 것이 중요했다." 브로비에츠는 나중에 공간을 유연하게 재배치할 수 있도록 조명을 디자인했다고 말한다.

르보프스카는 32제곱미터의 작은 아파트지만 기능과 특징이 조화롭게 어우러졌다. 지금 집주인들의 모든 필요를 다 충족시키며 '간결할수록 풍성하다'는 철학을 포용한다. 나중에 이 집에 살게 될 사람들을 위한 중립적이고 유연한 공간이기도 하다.

**40쪽**
화분과 오크 가구, 그 위에 걸어둔 그래픽 프린트가 르보프스카의 따스한 분위기를 만든다.

**오른쪽**
가구 선택은 좁은 공간에선 아주 중요하다. 오픈플랜 거실과 주방 구역에는 손님을 위한 접이식 소파베드가 있고 움직이기 편하도록 원탁을 사용했다.

후

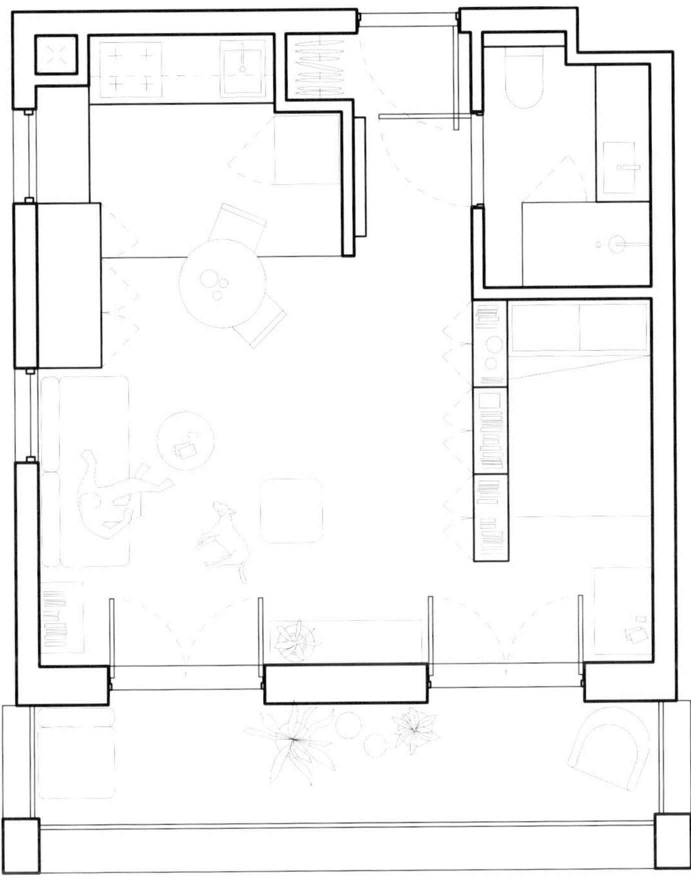

전

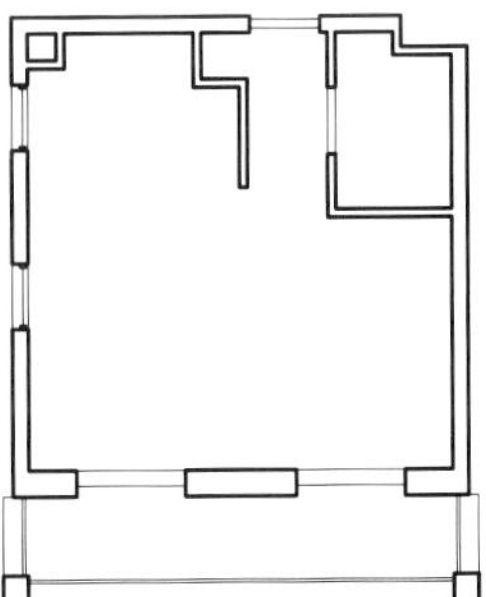

축척 1:100
1  2  3  4  5m

**위**
현관의 알약 모양인 거울은 공간을
넓어 보이게 하는 현명한 선택이다.

**오른쪽**
나중에 이 집에 살게 될 사람들이
공간을 유연하게 배치할 수 있도록
조명 디자인에 신경을 썼다.

초두르와 보로비에츠는 드리스 오턴과 브뤼셀의 B-ILD
아키텍츠 같은 현대 벨기에 건축가들에게 영감을 받았다.
이들은 기하학적 형태와 색상을 사용하여 밝고 따뜻한
인테리어에 반전을 넣는다.

**아래**
침실 공간은 좁지만 아늑하다. 수납장
아래쪽은 침대 옆 수납공간으로
사용된다.

**오른쪽**
이케아 제품을 개조한 수납장은
제 기능도 하면서 침실과 거실 영역을
나누는 역할도 한다.

      1 더하기와 빼기

# 마르빌라 다락방

**Marvila Attic**

↗ 60m$^2$ / 18.2평
👤 케마 스튜디오KEMA studio
📍 포르투갈 리스본 마르빌라

포르투갈 리스본의 활기찬 구역 마르빌라에 있는 이 집은 도시 재생의 주목할 만한 사례다. 다락방이었던 이 특이한 곳은 마르빌라에서 가장 오래된 건물 중 하나의 지붕 밑에 위치했다. 20세기 초반에 만들어져 문화유산으로 보호받고 있는 이 낡은 공간에 새로운 생명을 불어넣는 일을 엘리자 보르코프스카Eliza Borkowska와 마그달레나 차플루크Magdalena Czapluk가 이끄는 케마 스튜디오 팀이 맡게 됐다. 이들은 이 아파트의 역사적 매력을 보존하면서도 현대적 안식처로 변신시켰다.

건물 가장 높은 층에 위치한 이곳은 지붕 윤곽을 그대로 살린 특이한 모양을 하고 있다. 가장 낮은 곳은 바닥에서 천장까지 높이가 50센티미터에 불과한 반면, 가장 높은 곳은 3미터에 달한다. 예전 집의 공간들은 구석진 곳에 박혀 있어서 접근이 제한적이었으며, 주방과 작은 방 두 개, 화장실로 구성됐다. 리노베이션 팀의 주요 목적은 아파트를 주위 환경을 향해 열린 공간으로 만드는 것이었다. 위풍당당한 타구스 강의 멋진 모습을 볼 수 있게 하는 것도 목표였다.

이들은 전면적으로 다시 디자인했다. 내부 벽을 모두 철거해서 주방, 거실, 다이닝 공간까지 아우르는 오픈플랜 공간을 구현했다. 거기다 작지만 편리한 침실도 만들었다. 리노베이션할 때 지속 가능성을 중요하게 생각해, 섬유 시멘트 패널, 칼라 화이버 무드 패널, 합판, 금속과 벽돌 타일 등으로 소재를 고심해서 골랐다. 입구의 벽과 문에는 베이지 톤의 섬유 시멘트 패널을 붙여 매혹적인 분위기를 연출했다.

거실은 기울어진 지붕 아래의 공간을 기발하게 활용했다. 벽에 두 개의 알코브를 정교하게 만들어 하나는 작은 부엌을, 다른 하나는 세 명이 편하게 앉을 수 있는 소파 자리를 마련했다. 소파는 딱 싱글베드 크기라서 손님을 맞기에도 이상적이다. 소파 등받이 쪽에는 수제 벽돌 타일을 붙였고 작은 창문이 채광과 공기 흐름을 돕는다.

높이가 점점 낮아지는 벽에는 주방 일부를 설치하고 넉넉한 수납공간을 확보했다. 컬러 MDF로 시공된 벽면을 눌러서 여는 패널로 영리하게 제작했다. 채광창 네 개와 창문 두 개를 새로 만들었는데, 생활 공간에 자연광이 충분히 들어오도록 전략적으로 배치했다. 실내 중심에는 4인용 원형 식탁이 놓여 있다.

침실은 작지만 더블베드와 입구 쪽에 옷장을 둘 수 있는 완벽한 안식처 같은 방이다. 침대 바로 위의 채광창 덕에 방은 실제보다 더 커 보인다.



**48쪽**
맞춤 제작한 알코브에는 빌트인 가구와 소파가 있다. 적절한 요소를 더하면 작은 공간이 확장될 수 있음을 보여주는 멋진 사례.

**아래**
기울어진 지붕에 채광창을 내서 공간 안을 빛으로 가득 채웠다.

후

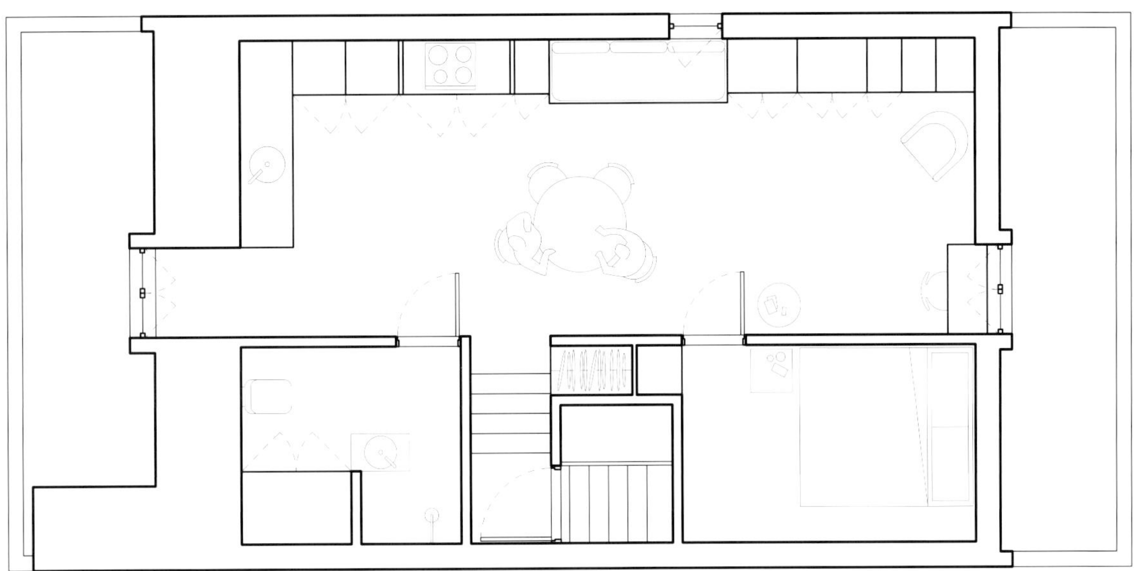

전

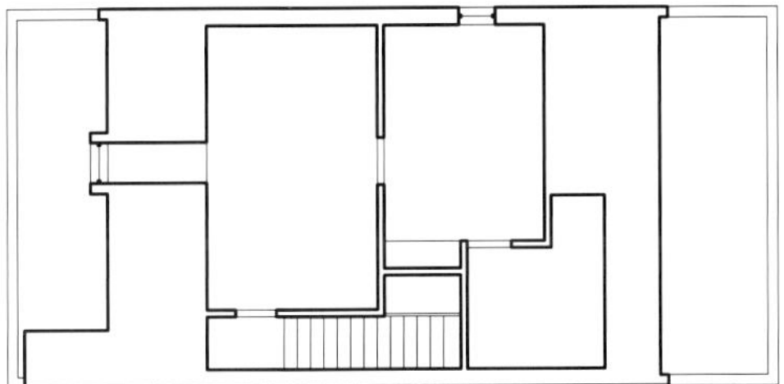

축척 1:100

1    2    3    4    5m

새로 추가한 화장실은 놀랄 만한 변신을 거쳐 필요한 것을 모두 갖춘 밝고 아주 깨끗한 공간이 되었다. 구석에 있지만 화장실 모퉁이 공중에서 떠 있는 듯한 유리창을 통해 샤워실로 빛이 잘 들어오며, 맞춤 제작한 화장대에도 매립 조명을 설치했다. 금속과 나무로 만든 특별한 화장대에는 멋진 디자인과 기능 이상의 의미가 담겼다. "동네 전체에서 볼 수 있는 마르빌라의 산업 정신에 대한 존중을 담은 요소"라는 것이 이들의 설명이다.

디자인 과정 전체에 걸쳐 케마 스튜디오 팀은 전문가답게 편의를 희생하지 않으며 가능한 한 공간을 최적화했다. 뛰어난 실력으로 자연광을 활용하고 증폭시켜서 이런 작은 아파트 안에서는 좀처럼 경험하기 힘든 개방감과 공간감을 구현했다.

왼쪽
극단적인 층고 차이는 디자인에
방해가 되기보다는 오히려 영감이
되었다.

오른쪽
전기 레인지와 레인지 후드는 일체감
있는 벽면 디자인을 위해 사용하지
않을 때는 숨겨둔다.

건물 가장 높은 층에 위치한 이곳은 지붕
윤곽을 그대로 살린 특이한 모양을 하고 있다.

# 파크 스트리트 아파트

## Park Street Apartment


↗ 42m² / 12.7평
앨릭스 앤터니아디스Alex Antoniadis
호주 멜버른 브런즈윅


오래된 건물을 철거하는 게 흔한 세상에서, 낡은 건물을 현대 생활에 맞게 고치는 건 지속 가능하며 비용 대비 효율이 높은 일이다. 구조적으로 튼튼하고 성격이 확실한 옛 건물은 현대적이고 편리한 동시에 특정 시대의 건축적 요소도 반영하는 독특한 주거 공간이 될 수 있다.

도심 지역의 주거 단지 붐은 여러 층위에 걸친 멜버른의 건축 역사에서 특별한 맥락을 이룬다. 브런즈윅의 이 단지는 에드워드 시대, 빅토리아 시대 주택들, 멜버른을 대표하는 두 개의 19세기 공원, 브런즈윅 시드니 로드의 활기찬 상업 거리에 둘러싸인 문화 유산 보호 구역에 있다.

집주인인 앨릭스 앤터니아디스는 도시 설계자이자 전후 건축을 사랑하는 사람으로, 평범한 아파트를 사서 안뜰 정원이 있는 특별한 주거 공간으로 변신시켰다.

오픈플랜 주거 공간으로 디자인해서 아파트의 기능성을 최적화하자는 게 목표였다. 주방과 거실을 나누는 벽은 불필요했다. 경관과 동쪽에서 들어오는 자연광을 가렸기 때문에 철거했다.

디자인 콘셉트는 네 가지 목적에 집중했다. '주방에서 텔레비전을 볼 수 있어야 한다. 주방을 가려서 어수선함을 최소화한다. 사교 활동 공간을 만든다. 조리 공간을 충분히 마련한다.'

개방된 거실 공간에 들어가면 팬트리와 3인용 소파 사이의 창문이 보인다. 아파트가 작다 보니 소파는 두 가지 역할을 해야 해서 소파의 기능, 배치와 위치를 신중하게 정했다. 거실에서 주방으로 가는 동선을 방해하지 않으면서도 공간을 구분하고 분리하는 경계 역할도 해야 했다.

주방엔 자작나무 합판으로 맞춤 제작한 가구를 마련했다. 냉장고, 식기세척기, 세탁기 그리고 인출식 식탁이 들어 있고 수납공간도 충분하다. 필요 없을 때는 식탁을 가구 안으로 밀어넣을 수 있어 이 공간은 여러 목적으로 유연하게 활용된다.

침실에는 퀸사이즈 침대와 슬라이딩 도어, 벽 전체를 채운 옷장, 집 안뜰이 내다보이는 큰 책상이 있다. 욕실에는 침실과 똑같은 플루티드 유리fluted glass• 재질 문을 달아 프라이버시와 자연광이라는 두 마리 토끼를 잡았다. 색감을 더하기 위해 세이지 그린 타일을 선택했고, 벽 전면을 타일로 덮어 천장이 높아 보인다. 플로팅 세면대엔 서랍과 상부 수납장이, 세면대 위에는 세 개의 거울 뒤에 숨겨진 수납공간이 갖춰졌다.

바닥은 이 지역에서 생산된 회색 테라조 타일을 사용해 실제보다 넓어 보인다. 팝콘 천장••은 기존 공간 디자인의 요소이다. 소재, 색상, 조명 선택이 공간 전체에 연속성을 주어 아파트 전체가 매끄럽게 이어지는 공간으로 느껴진다.

앤터니아디스는 "건물 철거는 최후의 수단으로만 고려되어야 하는데, 특히 호주의 도시에서는 철거가 비용 대비 더 효율적인 해결책으로 간주될 때가 많다"라고 언급했다. 하지만 그의 리노베이션은 건물의 역사를 반영하면서도 스타일리시할 수 있다는 점 그리고 지속 가능성을 추구하면서 편안한 집에 살 수 있다는 점을 보여주는 대표적인 예시다.



• 세로로 홈이 새겨진 유리.
•• 표면을 거칠게 마감한 천장.

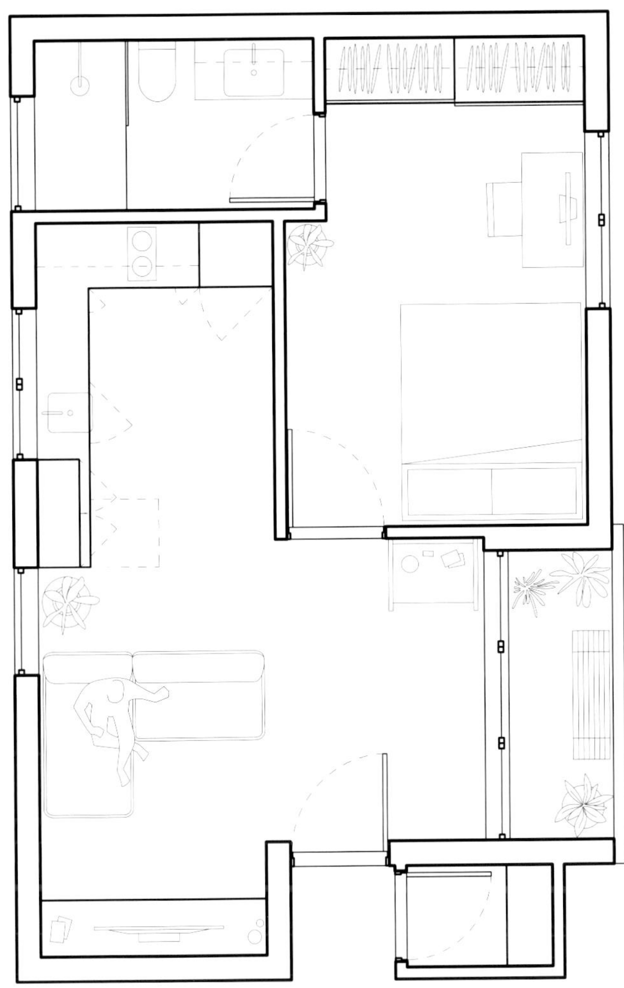



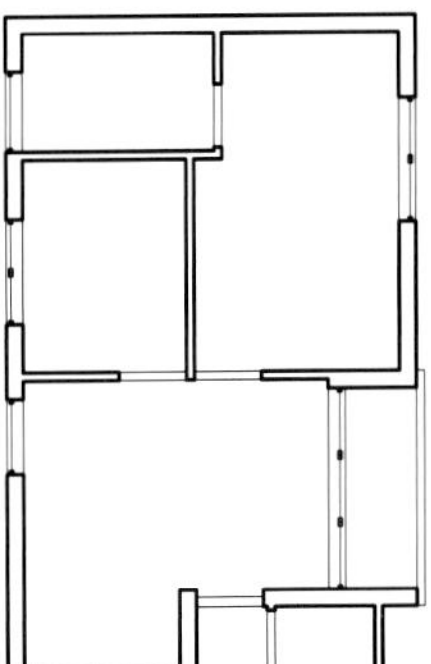

축척 1:100

1    2    3    4    5m

건물 철거는 최후의 수단으로만 고려되어야 한다.

**62/63쪽**
자작나무 합판, 회색 테라조 타일 바닥, 흰 벽 덕택에 아파트는 밝고 바람이 잘 통하는 느낌이 든다.

**왼쪽**
통창을 통해 나뭇잎이 무성한 바깥 풍경이 보인다.

**아래**
애매한 구석 공간이 될 뻔한 곳을 오락 공간으로 변신시켰다.

왼쪽
반사는 늘 중요하다. 전략적으로
배치한 거울이 침실에 개방감을 준다.

위
세이지 그린 타일이 색감을 더해주고
욕실 디자인을 다른 곳과 구분시켜
준다.

12MON S
CANDLE
ДИЗАЙН-МЫШЛЕНИЕ

# 핑크옐로

**Pinkyellow**

↗ 32m² / 9.7평
👤 올하 본다르 디자인Olha Bondar Design
📍 우크라이나 키이우 페이나 타운

우크라이나 키이우 중심가 건물에 있는 아파트 핑크옐로는 지금도 존재한다. 무분별한 침략으로 군데군데 파괴된 도시에 핑크옐로가 있다는 건 영원히 달라져버린 삶을 일깨워준다. 이 집을 보면 우리는 한 나라 전체의 이야기들이 멈춰 있음을 깨닫게 된다. 곧 다시 이야기가 이어지길 바랄 뿐이다.

핑크옐로가 있는 파이나 타운은 2019년에 완공된 현대적 주거 단지다. 원래 키이우의 채소 공장이자 온실이었는데 완성된 후에는 상점, 카페, 자전거 도로, 학교, 공원이 공존하는 활기찬 커뮤니티 공간으로 바뀌었다.

올하 본다르 디자인을 책임지는 인테리어 디자이너 올하 본다르 Olha Bondar는 거의 텅 비어 있다시피 했던 32제곱미터(9.7평)의 공간을 편안한 거실, 모든 게 갖춰진 주방, 옷방까지 딸린 침실을 지닌 실용적인 집으로 탈바꿈시켰다.

본다르의 건축주는 아주 밝은 회색을 기본으로 하되 포인트 색을 파랑, 핑크, 노랑으로 써달라고 했다. 본다르는 이 색상들을 부드러운 톤으로 집 전체에 활용했다.

이 색상들은 집 현관에서부터 드러난다. 오른쪽 벽은 지나치게 밝지 않은 핑크색이고, 거울을 설치해 공간이 확장되어 보인다. 왼쪽 벽에는 외투와 신발 등을 넣는 빌트인 옷장이 마련됐고 보일러와 세탁기가 들어간 벽장이 하나 더 있다.

집으로 들어가면 곧바로 거실이 나온다. 등받이가 낮은 소파를 두어 어느 방향으로도 시야를 가리지 않으면서 앉을 수 있는 공간을 충분히 확보했다.

소파 바로 뒤는 거실과 주방을 분리해주는 높은 바가 놓인 다이닝 공간이다. 작은 바에서는 두 명이 거실 쪽을 보며 편안히 식사하거나 일할 수 있다.

주방은 작지만 필요한 장비는 다 갖춰졌다. 냉장고는 부엌 벽의 니치에 숨어 있다. 문은 벽과 같은 핑크색이라 끊이지 않고 쭉 이어지는 모습이다. 싱크대 위의 작은 진열 선반은 유리잔, 꽃병, 개인 물건을 두는 용도로 사용한다.

주방 창문 쪽은 '흐린 날에도 주방에 따스한 햇빛이 들어오는 듯한 통로를 만들기 위해' 노랗게 칠했다. 단순하지만 굉장히 큰 영향을 주는 아이디어다.

거실에서 문을 열고 들어가면 침실이 나온다. 맞춤 제작한 침대 아래에는 침구 등을 넣어둘 만한 빌트인 서랍이 갖춰졌다. 바닥 공간을 활용하기 위해 협탁과 화장대는 벽에 붙였다. 화장대 뒤에는 천장까지 닿는 큰 거울을 설치했고, 주방의 노란색을 반복하듯 노란색 포인트 벽이 거울을 감싸고 있다.

이 사이즈의 아파트에선 기대하기 어려운 옷방이 마련되었는데, 건축주가 강력히 요청한 사항이었다. 침대 맞은편 커튼 뒤에 위치한 옷방에 빌트인 가구를 두었고 벽과 자연스럽게 어우러진다.



**68쪽**

옷방과 화장대는 작은 공간에서 사치로 여겨질 수도 있겠지만, 의뢰인의 요청에 따라 공간을 적게 차지하는 방법으로 구현했다.

**아래**

의뢰인은 '편안히 쉴 수 있는 동시에 영감을 얻을' 공간을 원했다. 입구의 소르베 핑크 색상은 따뜻함, 색감을 더하고 시각적인 포인트를 만들어준다.

후


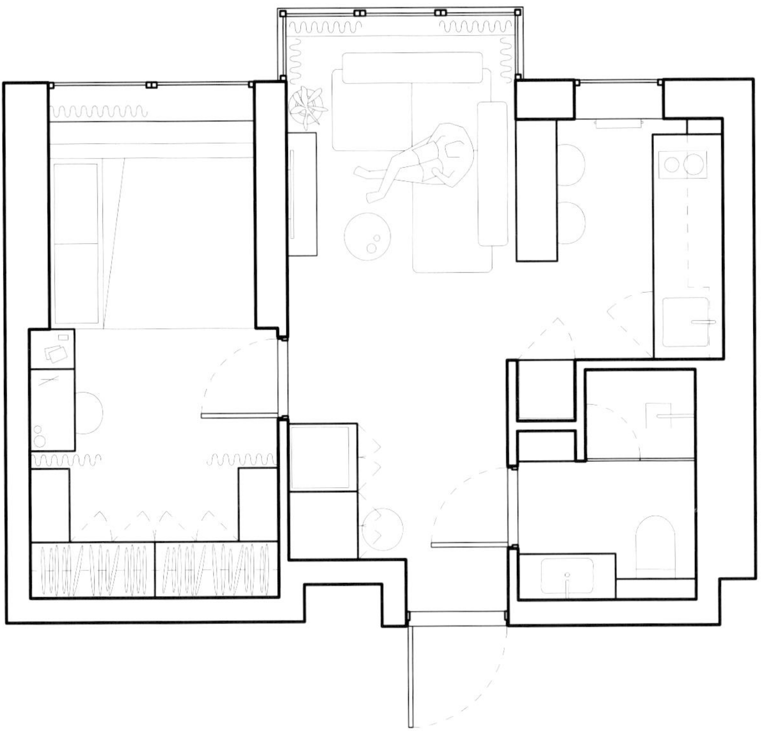


전


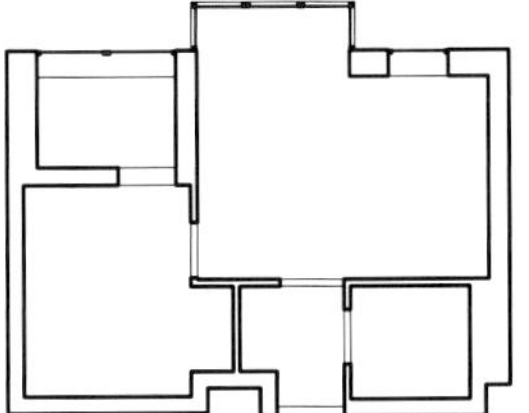


축척 1:100

1    2    3    4    5m

현관 쪽의 핑크색 문을 열면 욕실이 나온다. 수전은 벽체에 매립해 세면대 자리를 마련했다. 시각적으로 공간이 넓어 보이도록 변기와 화장대는 바닥 위에 떠 있도록 설치했고 샤워실 옆의 빌트인 수납장에는 수납공간과 세탁 바구니가 들어 있다.

핑크옐로는 훌륭한 디자인이라는 렌즈를 통해 건축주의 요구를 만족시킨 훌륭한 사례다. 우크라이나의 모든 집이 그렇듯, 이곳은 사람이 계속 살면서 집의 이야기가 이어지도록 할 만한 가치가 있는 곳이다.

우크라이나의 모든 집이 그렇듯, 이곳은 사람이
계속 살면서 집의 이야기가 이어지도록 할 만한
가치가 있는 곳이다.

# 리밋 하우스

## Limit House

28m² / 8.5평
리퍼블릭 디자인Republic Design
타이완 타이베이시 다퉁구

리퍼블릭 디자인이 설계하고 타이베이 다퉁구에 위치한 28제곱미터(8.5평) 아파트는 이 지역의 전통적인 색상에 오마주를 표하는 따스하고 우아한 집이다. 아파트 주위 건물들의 밝은 오크 나무 색상과 황토색, 회색에 영감을 받은 이 공간은 기능적이고 아름답다.

이곳은 타이베이에서 가장 오래된 도심지에 있다. 타이베이 공자묘, 타이베이에서 가장 큰 공원 중 하나인 위안산 공원에서 가깝다. 출장이 잦고 사업가인 건축주에겐 작고 관리하기 편한 집이 필요해서 이 아담한 아파트가 생활 방식에 딱 맞았다.

건축주가 혼자 살기 때문에 현관 복도는 필요 없어서 문을 열면 바로 거실이다. 이 지역의 전통 색상에 영감을 받은 벽돌 벽에는 펼치고 접을 수 있는 수납 선반이 마련되어 코트를 걸거나 여러 물건을 놓아두는 것이 가능하다. 다이닝 구역과 주방까지 이어지는 이 벽은 목제 맞춤 가구의 일부로 아파트 중심부에 긴 통로를 이루고 벽걸이형 텔레비전도 걸려 있다.

이 통로를 따라가면 두 벽 사이에 자리한 아담한 다이닝 영역이 나오며 상부, 하부 수납공간도 마련됐다. 하부 수납공간은 무광의 어두운 빨간색으로 칠한 합판으로 만들어 청소하기 쉽고 이 집의 포인트인 벽돌 벽과 잘 어울린다. 주방은 간소하지만 혼자서 식사 준비를 하기엔 충분하다. 1구 인덕션 하나, 스테인리스스틸 싱크, 레인지후드, 식기세척기도 갖췄다.

리노베이션의 일환으로 메자닌을 추가해서 추가 수납공간과 손님방을 마련할 수 있었고 작은 접이식 계단이 천장에 숨어 있다.

침실에는 싱글베드와 옷장을 두었다. 벽 높이에 맞춘 회색 거울이 자연광을 반사해서 공간을 더 넓어 보이게 한다.

거실 벽에 감춰진 문을 열면 화장실이다. 테라조 타일로 바닥 전체와 벽의 절반을 덮었다. 샤워실의 유리 블록 창문을 통해 자연광이 들어온다. 자연광을 극대화하는 방향은 작은 주거 공간 디자인에 대한 리퍼블릭 디자인의 접근법 중 하나다.

후

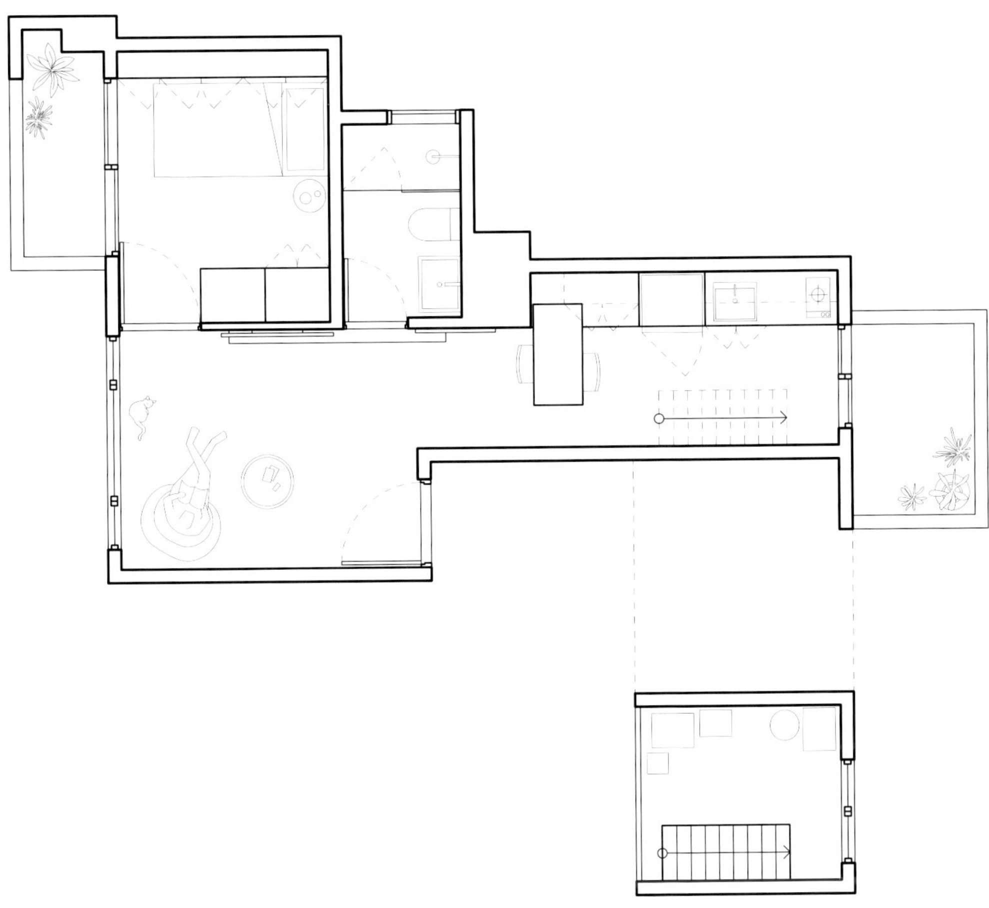

전

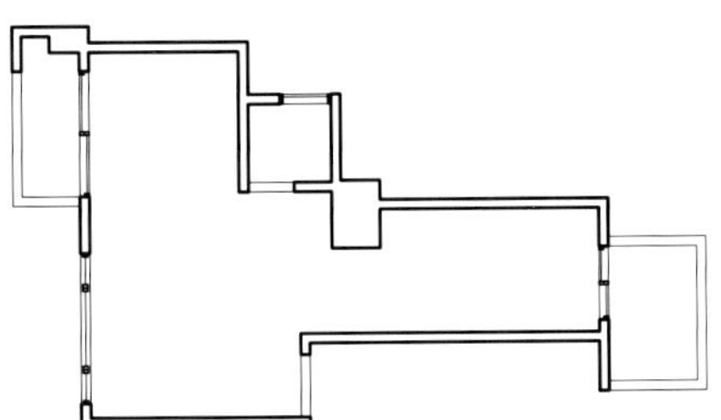

축척 1:100

리퍼블릭 디자인의 공동 창업자인 디자이너 크리스 추Chris Choo는 "작은 공간에서 제일 근본적 요소가 햇빛이다. 햇빛이 많이 들어올수록 더 편안한 느낌이 든다. 좁거나 꽉 차 있다는 인상을 줄여주기 때문이다. 우리는 탁 트인 공간을 만들고 파티션은 덜 쓰며, 접을 수 있거나 개조한 가구를 애용한다. 공간이 더 넓어졌다는 착시를 만들기 때문"이라고 설명한다.

다음 세대에게 낡은 아파트는 도심지의 신축 건물보다 더 저렴한 대안이 될 가능성이 높다. 이런 건물을 리노베이션하고 업그레이드하면, 문화적, 역사적 가치를 보존하는 동시에 삶의 질을 크게 향상시킬 수 있다. "공간이 더 좁아져도, 삶의 질과 생활 환경 업그레이드에 대한 관심이 그 어느 때보다 크다고 생각한다. 작은 공간이 반드시 저비용을 뜻하진 않지만, 깔끔하고 우아한 공간을 만들 가능성은 더 높다."

작은 공간이 반드시 저비용을 뜻하진 않지만,
깔끔하고 우아한 공간을 만들 수 있는
가능성은 더 높다.

**아래**
타이베이의 흙빛 색감은 디자인의
영감이 되었다.

**83쪽 위**
리노베이션 과정에서 메자닌을
추가해 수납공간과 손님 방으로
활용하고 있다.

**83쪽 아래**
주방 아래쪽의 어두운 붉은색은
디자인을 가라앉혀주고, 위쪽의 밝은
색상은 높고 더 넓어 보이는 느낌을
만든다.

# 2

다기능 공간이 작은 집에서의 생활을 전반적으로
향상시킬 수 있는 이유 중 하나는 활용성이다.
1제곱미터도 소중한 작은 공간에선 여러 용도로
쓸 수 있도록 디자인된 공간이 용도가 하나인
방보다 선호된다. 귀중한 공간을 아낄 수 있고,
집이 더 널찍하고 탁 트인 것처럼 느껴진다.

다기능 공간은 유연성과 융통성을 갖췄다. 변하는
용도와 활동에 맞춰 쉽게 전환할 수 있다. 예를
들어 거실을 낮에는 순식간에 작업 공간으로
바꾸고 밤에는 침실로 변신시키는 것이 가능하다.
거주자들은 융통성을 발휘해 공간을 최대한
활용하며 서로 다른 기능 사이를 손쉽게 오갈
수가 있다.

이 섹션에는 놀랄 만한 다기능 공간들이
등장한다. 스튜디오 윌리스 + 아키텍츠의
프로젝트 #13은 이런 콘셉트에서 눈에 띄는

예이다. 하나의 아파트를 영리하게 반으로 나눠
한쪽은 사무실 다른 한쪽은 집으로 만들었다.
침실용 로프트와 사무실용 수납공간을 위한
로프트를 하나씩 추가해, 프로젝트 #13은
기능성을 유지하면서도 레이아웃을 최적화했다.
작은 집 안에 사무실을 자연스럽게 통합해 일과
개인적 삶이 조화롭게 공존할 수 있게 했다.

다기능 집의 또 다른 눈에 띄는 사례는 건축주가
원래 소유하던 가구들을 활용해서 디자인한
니컬러스 거니의 마크 II다. 벽체 일체형 가구는
텔레비전/게임 센터, 홈 오피스, 취침 영역의
역할을 한다. 늘렸다가 줄일 수 있는 텔레비전용
케이블이 달린 슬라이딩 패널은 기발함과
다목적성을 보여준다. 불투명 유리로 만든
화장실 문은 빛을 빌려온다는 콘셉트인데, 시드니
중심가에 있는 이 작은 공간이 더 크고 밝아

# 다기능 공간

보이게 만든다.

싱가포르의 워털루 스트리트는 유연성을 한 단계 더 끌어올렸다. 건축주는 쓰리-d 콘셉트베르케에 편하고 유연한 공간을 디자인해달라고 요청했고, 디자이너는 바퀴 달린 가구라는 아이디어를 냈다. 아파트 공간 구조를 쉽게 재구성할 수 있는 기발한 방법이었다. 예를 들어 다용도 테이블 두 개를 붙이면 더 넓은 식사 공간 또는 작업 공간이 된다. 파티션도 움직일 수 있어, 프라이버시를 확보하거나 손님을 맞을 때 유용하다.

다기능 디자인 원칙을 적용하면 작은 주거 공간은 보다 변경이 수월하고 효율적이며 즐거운 곳이 된다.

# 아카쓰쓰미 집

## Home in Akatsutsumi

46m² / 14평

스몰 디자인 스튜디오
Small Design Studio

일본 도쿄 세타가야

인구가 밀집된 도시에서 프라이버시와 개인 공간을 확보하는 건 쉽지 않다. 하지만 건축가이자 집주인인 스몰 디자인 스튜디오의 오우치 구미코大内久美子는 기능적이고 편안하며 사적인 공간을 만들어냈다. 도쿄 중심부에서 5분 거리에 위치한 이곳에서 오우치, 오우치의 파트너, 고양이 코치Cochi가 함께 살고 있다.

1979년에 지어진 이 건물에는 일곱 개의 집이 있는데 디자인이 각기 다르다. 오우치는 자신의 집을 주거와 업무 기능을 잘 통합한 다목적 공간으로 개조했다. 이를 위해 46제곱미터(14평) 실내의 벽을 거의 다 철거하고 오픈형 구조를 계획했다.

작은 현관 한쪽에는 이 집에서 가장 큰 수납공간인 워크인 옷장이 있다. 거실은 집의 다른 공간보다 한 단 낮게 설계됐으며 창가엔 맞춤 제작한 2.2미터짜리 벤치를 두었다. 벤치 옆의 슬라이딩 도어로 나가면 작은 발코니가 나온다. 실내에 아늑한 느낌을 주기 위해 전통적인 굴뚝 대신 바이오에탄올 벽난로를 설치했다. 이 아파트 규정상 나무를 태우는 벽난로 설치는 금지이기 때문이다.

주방은 아담하지만 효율적이다. 가스레인지, 생선 그릴, 오븐과 넉넉한 크기의 싱크대가 있어 요리를 좋아하는 오우치의 취향을 만족시켰다.

"우린 요리를 좋아해서 주방은 기능적이며 거실의 일부처럼 보이도록 단순한 모습이어야 했다." 오우치의 설명이다. 전기 기기들은 눈에 띄지 않도록 거실에서 보이지 않도록 배치했다. L자형 주방의 하부 목제 가구와 작은 식탁은 방수 성능을 갖춘 플라스터 마감을 해두었다. 냉장고와 작은 팬트리는 깔끔하게 구석에 몰아두었다.

사무 공간은 거실 바로 옆에 마련했다. 천장 양 끝에 보가 하나씩 있어 튼튼하면서도 편안하다는 느낌을 준다. 책상은 라미네이트 합판으로 만들었고, 그 위엔 벽걸이 책장 두 개를 설치했다. 사무 공간 끝에는 천장까지 닿는 옷장이 있다.

화장실과 욕실은 분리되어 있고, 세면대 위엔 거울이 달린 수납장을 세면대 옆쪽 벽엔 저장 공간을 마련했다. 세탁기 겸 건조기, 코치가 쓰는 화장실도 두었다. 욕실에는 샤워기와 욕조가 함께 있는데, 일본에서는 흔한 목욕 시설이다.

오우치의 아파트는 면적이 좁으면 편안하고 실용적인 주거 공간이 될 수 없다는 편견을 깬다. 오우치는 "집은 당신의 삶을 담는 그릇"이라고 말한다. 이런 생각이 기능적이고 정돈된 이 집에서 그대로 드러난다.

도쿄 아파트는 우리 채널과 책에서 굉장히 자주 등장한다. 우리가 일본을 사랑하긴 하지만 편애하는 건 아니다. 단순함과 미니멀리즘 디자인에 대한 일본의 접근 방식이 작은 주거 공간 생활에 너무나 잘 맞기 때문이다. 일본은 도시락 문화를 만들어낸 나라 아닌가. 깔끔하고 잘 정돈된, 기능적인 작은 집을 만드는 능력이 있을 수밖에 없을 것이다.

**86쪽**
바닥에 단차를 두는 것은 작은 집에서 구역을 나누는 쉬운 방법이다.

**아래**
리노베이션을 할 때 내부 벽을 제거해 사무 공간에 빛이 충분히 들어온다.

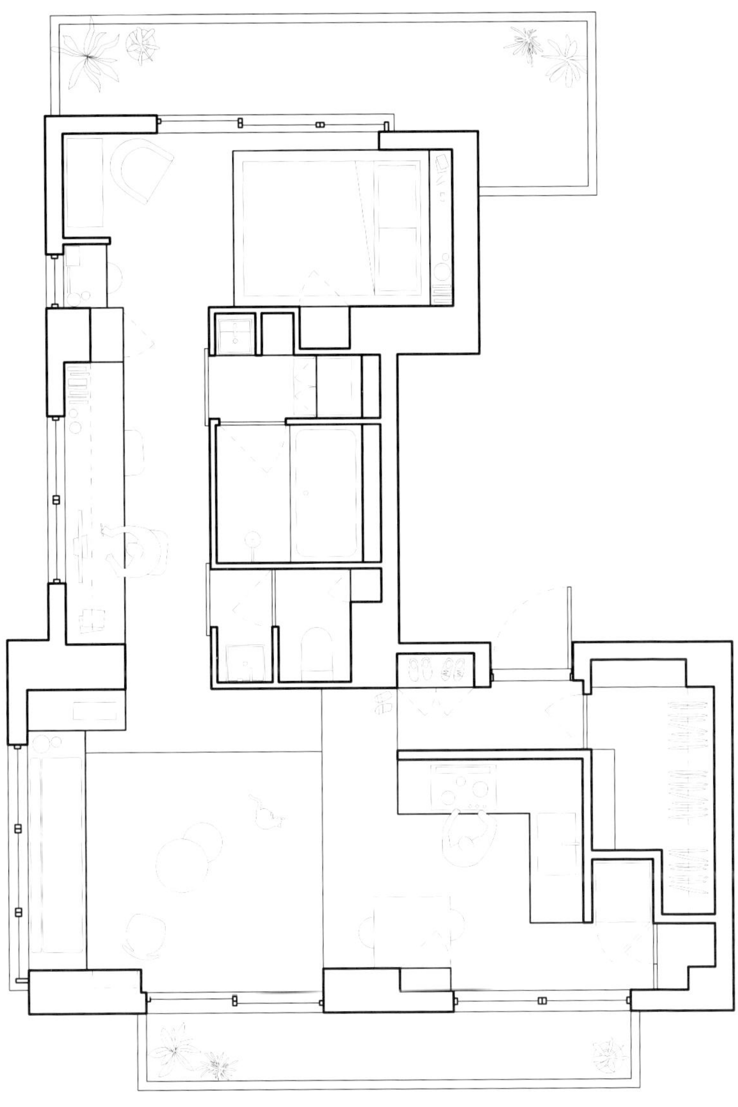

후


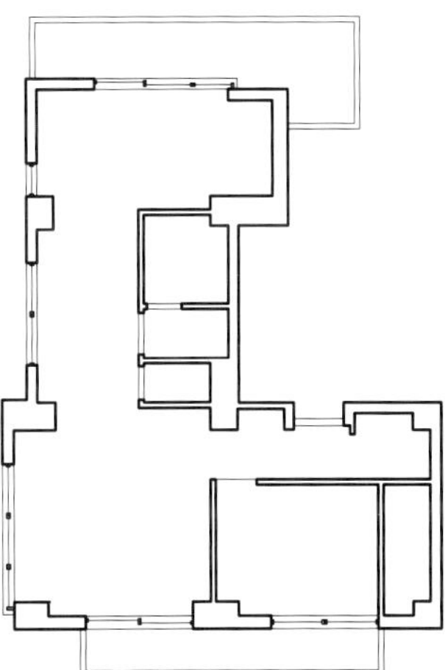

전

축척 1:100
1    2    3    4    5m

**아래**
L자형 주방은 작은 공간을 효율적으로
활용하는 구조이며, 이 덕택에
조리대가 추가로 생겼다.

**오른쪽**
작은 주방에서 숨은 수납공간은 정말
요긴하다.

    2 다기능 공간

단순함과 미니멀리즘 디자인에 대한 일본의
접근 방식이 작은 주거 공간 생활에 너무나 잘
맞기 때문이다.

왼쪽
사무 공간의 나무 바닥과 라미네이트
합판 책상, 선반은 좁아도 따뜻하고
편안한 공간으로 만들었다.

위 왼쪽
작고 애매한 틈새 공간을 화장대로
변신시켰다.

위 오른쪽
다른 틈새에는 세면대를 설치했다.

왼쪽
단순하면서 채광이 좋고 빌트인 맞춤
가구를 갖춘 이 집은 작은 주거 공간
디자인의 훌륭하고 좋은 예다.

# 마크 II

**Mark II**

↗ 27m² / 8.2평
⚇ 니컬러스 거니Nicholas Gurney
⚲ 호주 시드니 러시커터스 베이

마크 II는 시드니 러시커터스 베이 중심부에 위치한 미니멀리즘의 걸작이다. 1960년대 중반에 만들어진 27제곱미터(8.2평) 공간은 답답하게 느껴졌다. 하지만 구조가 단순해서 산업 디자이너 니컬러스 거니가 많이 손댈 필요가 없었다. 사실 크게 바꾼 것이라곤 현관과 주방 사이의 빌트인 벽장을 없앤 게 전부였다.

건축주는 자신의 필요를 충족하기 위해 어떻게 디자인이 바뀌어야 하는지에 대해 뚜렷한 비전이 있었고, 거니의 예전 프로젝트 타라Tara에서 영감을 얻었다. 그러나 거니가 설명하듯 이 아파트의 가장 중요한 목적은 "모든 것을 하나의 유닛에 숨기는 것"이다.

하나의 맞춤 가구 안에 전부 집어넣는다는 콘셉트는, 모든 걸 벽 쪽으로 밀어넣어 탁 트이고 유연성이 있는 구조를 만드는 합리적인 접근 방식이다. 거니는 의뢰인이 가장 좋아하는 독일 디자이너 닐스 홀거 모어만Nils Holger Moormann에게서 영감을 얻었다. 홀거 모어만은 다양한 색깔의 라미네이트 합판을 써서 심플하지만 세련된 연출을 하는 미니멀리즘 스타일로 유명하다. 거니는 이 기법을 써서 주방부터 수납공간, 업무 및 수면 공간까지 매끄럽게 이어지는 벽체 일체형 가구를 만들었다.

기존의 시설을 최대한 활용하되 최신 주방 가전제품을 넣을 수 있도록 L자형 주방으로 설계했다. 식기세척기, 오븐, 인덕션 쿡탑이 갖춰졌고 숨겨진 찬장엔 온수기hot water unit와 수도 계량기가 들어 있다.

주방은 오픈형 다이닝 공간과 거실로 매끄럽게 이어진다. 거실은 슬라이딩 패널에 거치된 텔레비전을 향하도록 놓인 단순한 소파가 중심이다. 패널은 위치에 따라 머피 베드*나 업무 공간을 가려준다. 머피 베드의 손잡이는 일체형 가구의 상부장 전면 하단에 있고 쓰고 나면 제자리로 돌아간다.

건축주는 집에서 일하기 때문에 쓰지 않을 때 가려둘 수 있는 넉넉한 업무 공간이 꼭 있어야 했다. 업무 공간 옆에는 케이블을 가려주는 보조 상판을 설치했다. 문이 두 개인 튼튼한 옷장이 주방과 사무 공간을 구분한다.

속커튼과 암막 커튼을 함께 달아 분위기를 더했다. 속커튼은 낮에 자연광을 어느 정도 걸러주고, 암막 커튼은 잘 때나 영화를 볼 때 유용하다.

필요한 것을 모두 하나의 맞춤 가구에 넣어 집에 개방성과 자연스러운 흐름을 더했다. 재질 선택과 디자인이 절제되어 있어 미니멀하면서도 편안한 미학을 완성해 항구 근처인 동네 분위기와 어울리는 집이 되었다.

* 수직으로 세워 보관할 수 있는 침대.

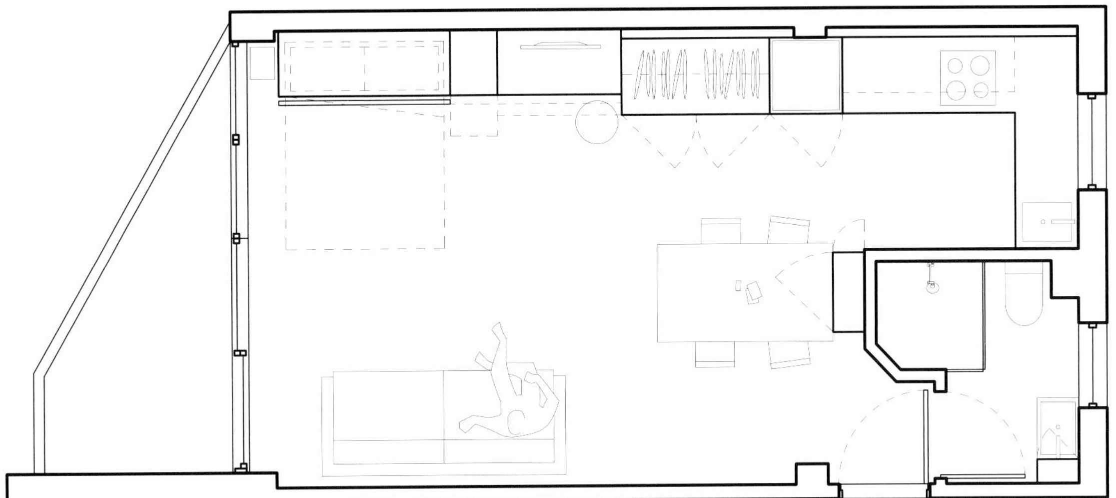



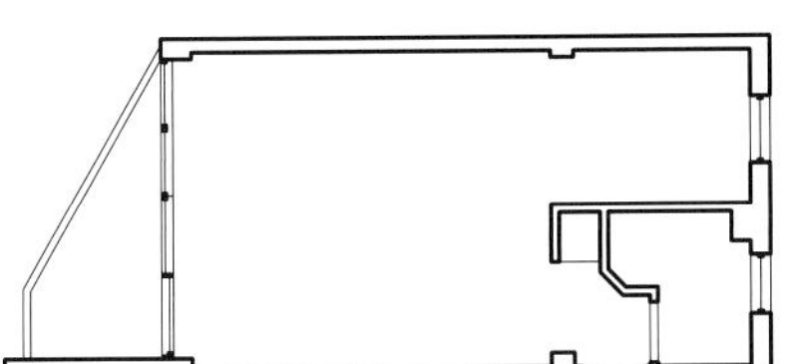

축척 1:100

집 한면이 통유리 창이라 자연광이
충분히 들어온다.


필요할 땐 암막 커튼으로 빛을
차단한다.


업무 공간이 건축주에겐 가장
중요했다. 쓰지 않을 때는 숨길 수
있어 일하는 시간과 일하지 않는
시간을 구분해준다.

하나의 맞춤 가구 안에 전부 집어넣는다는
콘셉트는, 모든 걸 벽 쪽으로 밀어넣어
탁 트이고 유연성이 있는 구조를 만드는
합리적인 접근 방식이었다.

**왼쪽**
맞춤 제작한 벽체 일체형
가구는 창문에서 주방까지 쭉
이어진다.

**아래**
머피 베드는 낮과 밤에 따라
공간을 변신시켜 준다.

# 프로젝트 #13

**Project #13**

64m² / 19.4평
스튜디오 윌스 + 아키텍츠
Studio Wills + Architects
싱가포르 세랑군

최근 몇 년 동안 재택근무가 크게 늘었다. 하지만 예전부터 1층에는 가게가 그 위에는 주거 공간이 있는 건물이 흔했던 싱가포르에서는 일하는 공간과 사는 공간이 공존한다는 개념이 낯설지 않다. 스튜디오 윌스 + 아키텍츠는 1988년에 지어진 이 집을 리노베이션하며 이 전통적인 콘셉트를 재해석했다. 1층에는 사무실이나 가게, 위층에는 집을 두는 게 아니라, 기존 공간을 두 부분으로 나눠서 사무실과 집을 나란히 배치했다.

각각 독립적으로 온전하고 완벽하게 기능하는 주거 공간과 업무 공간을 디자인하되, 공유 공간을 통해 연결하는 것이 프로젝트 #13 디자인 핵심이었다. 64제곱미터(19.4평)짜리 이 아파트에는 원래 침실 두 개, 화장실 두 개가 있었다. 1인 가구를 염두에 두고 만들어진 곳이었지만 공간을 나누는 벽을 제거해서 거실과 다이닝 공간 사이에 로프트를 만들었다. 그 결과 두 공간 모두 위쪽에 추가 수납공간이 생겼다.

집과 사무실을 잇는 공간인 공용 현관에는 슬림한 벤치, 아파트 외부를 향한 루버창이 있다. 두 공간은 각각의 유리 슬라이딩 도어를 통해 들어간다. 주거 공간의 거실 천장은 높고 기울어졌고, 여기엔 손님들이 올 때 침대로 변형이 가능한 소파를 두었다. 싱가포르에서 활동하는 말레이시아 아티스트 케일리 고Kayleigh Goh의 그림이 거실에 우아함을 더한다.

거실 바로 옆에는 화이트 오크 베니어 마감의 '스페이스 마커space marker'●가 있는데 이 집에서 가장 큰 빌트인 가구다. 그 안에는 워크인 옷장과 수납공간도 갖춰졌다. 주방과 옷장 사이에 있는 다이닝 공간에는 여섯 명까지 앉을 수 있는 깔끔한 흰 식탁을 두었다. 옷장 반대편에는 커피메이커, 전자레인지, 냉장고가 든 빌트인 선반을 설치했다. 선반 맞은편 창문 아래가 주방이다. 주방엔 세탁기를 넣을 수 있는 공간도 존재한다.

세탁기 맞은편에는 세면대인 에이프런 싱크를 설치했고, 하부 수납 공간과 거울도 갖췄다. 욕실에는 변기와 오버헤드 샤워기가 있고, 세면대는 욕실 밖에 두었다. 욕실 전체에 같은 크기의 파란 타일을 붙였고, 에어컨 배수를 위해서는 레인 체인rainwater chain●● 같은 금속 체인을 설치했다. 이 체인을 따라서 물이 흘러내리고 바닥 배수구 위에 쌓아놓은 자갈 위로 물이 떨어진다.

가구형 평상에 푸톤futon(요)을 깔아만든 침대는 스페이스 마커 위에 있다. 목제 계단을 통해 올라가면 되는데, 계단엔 서랍과 수납함이 내장됐다. 침대의 상판을 들어올리면 수납공간이 나오고, 가구형 평상 테두리에는 아트워크를 보여주기 위해 업라이팅 간접 조명을 설치했다. 피벗 창문을 통해 아파트에서 가장 넓은 공간인 사무실을 볼 수 있다.

업무 공간엔 테이블 세 개를 나란히 붙여 만든 긴 작업 책상이 개방형으로 배치됐다. 책장, 팬트리, 업무 공간용 화장실로 통하는 숨은 문이 포함된 빌트인 가구 역시 화이트 오크 베니어로 만들었다. 이 가구 맞은편에는 샘플 제품을 두는 선반을 설치했다. 공간 한가운데에 있는 싱크대가 딸린 아일랜드는 커피를 마시며 가볍게 얘기 나누기 완벽한 장소다.

스튜디오 윌스 + 아키텍츠는 공간을 반으로 나누고 각 구역의 목적을 명확히 정의했다. 그러면서 서로 독립적이되 공용 공간으로 연결될 수 있고 필요한 요소는 다 갖춘 기능적인 주거 및 업무 공간으로 만들었다. 기존 건축물에서 새로운 요소를 추가한 디자인이 좋은 입지 속에서 스타일리시하고 편안한 집 겸 사무실 공간을 탄생시켰다. 루버창, 슬라이딩 도어, 공용 현관을 활용해 두 공간을 매끄럽게 통합한 동시에 프라이버시와 개별성은 유지했다.

**104쪽**
이처럼 주방 구석 위에 로프트를 설치하면 작은 공간에서 높은 천장을 잘 활용할 수 있다. 이 방법은 점점 흔해지는 추세다.

● 수납공간이자 공간을 구획하는 전이 공간.

●● 빗물 등이 타고 내려가 하수구로 들어가도록 하는 것.

후

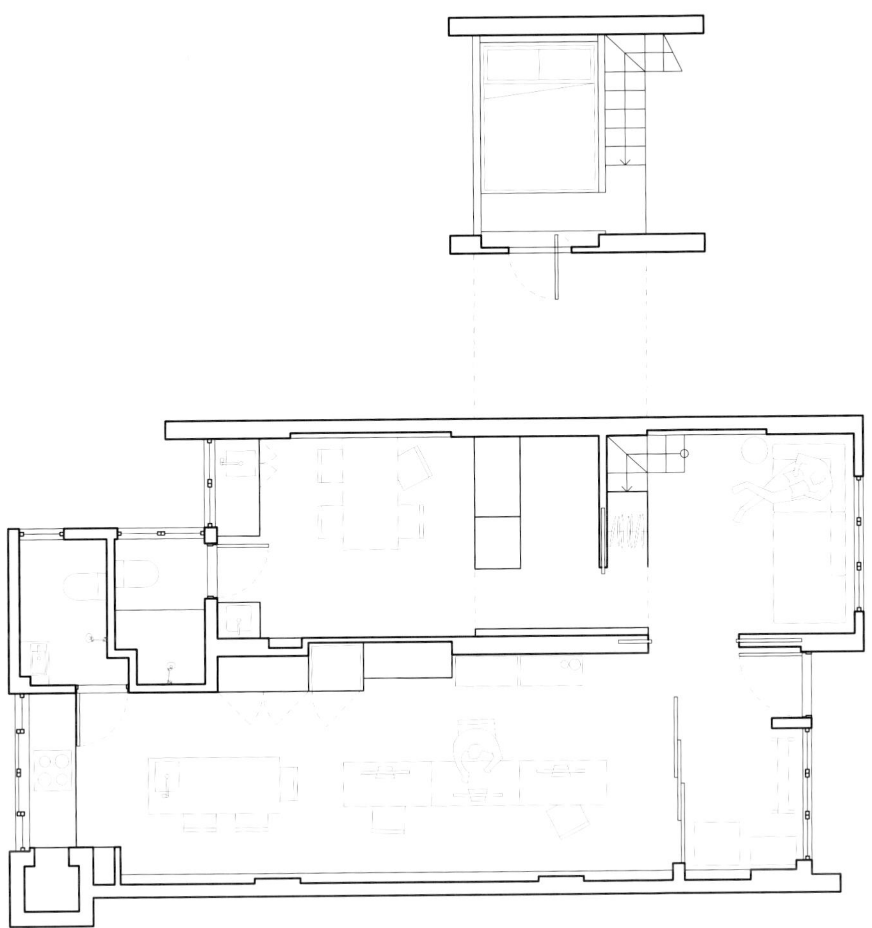

전

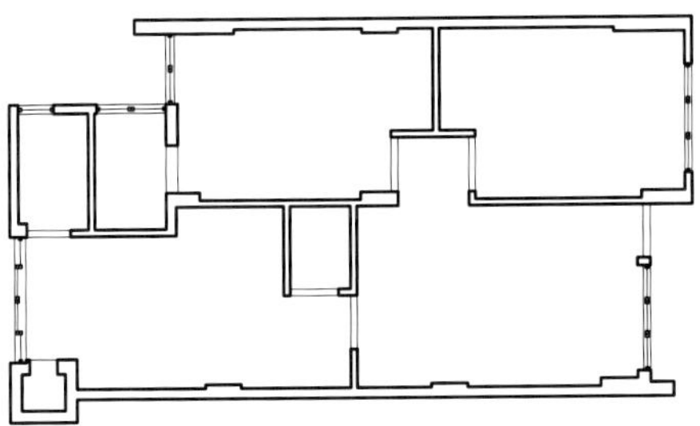

축척 1:100
1    2    3    4    5m

기존 건축물에서 새로운 요소를 추가한 디자인이
좋은 입지 속에서 스타일리시하고 편안한 집 겸
사무실 공간을 탄생시켰다.

**110쪽 위**
이 계단은 눈에 확 띄는 디자인
요소다.

**110쪽 아래**
로프트는 훌륭한 안식처이자 침실이
되어준다.

**아래**
위에서 보면 계단이 얼마나 빈틈없이
맞춰져 있는지 알 수 있다.

**아래**
로프트는 사적인 공간이면서도
아래층을 향해 열려 있어 답답하게
느껴지지 않는다.

**오른쪽**
집중할 장소를 마련하기 위해
사무실과 주거 공간은 반드시
분리시켜야 했다.

**아래**
로프트는 사적인 공간이면서도
아래층을 향해 열려 있어 답답하게
느껴지지 않는다.

# VM36

↗ 53m² / 16평
⚇ JMLC 스튜디오 JMLC studio
⊙ 프랑스 파리 피갈

파리의 유명 카바레 발 타바랭이 있었던 자리에 위치한 이 건물은 1970년대에 완공되었다. 이 구역에서 정말 인기가 많았던 카바레들은 사라졌지만, 카바레의 창조적 정신은 여전하다. 과거에 대한 존중과 회복력 있고 행복한 커뮤니티를 만들기 위한 미래 지향적 접근 방식의 조화로움도 그대로다.

53제곱미터(16평) 넓이의 이 아파트에는 매력적인 8제곱미터(2.4평)짜리 테라스도 딸려 있다. JMLC 스튜디오의 설립자이자 디자이너인 장-말로 르 클레르Jean-Malo Le Clerc가 파트너와 함께 살고 있다. 르 클레르가 처음 이 아파트를 발견했을 때는 1990년대 이래로 손을 보지 않은 상태였고 허물어지기 직전이었다.

르 클레르는 이곳을 변신시키기로 결심했다. 이 아파트가 가진 1970년대의 매력을 보존하되 현대적 기능을 더하는 것이 디자인 콘셉트였다. 그는 북적거리는 도시에서 탈출할 수 있는 평온한 안식처를 머릿속에 그렸다. 디자인할 때 자연광이 중요한 역할을 했고, 거울, 오픈 레이아웃, 영리한 창문 배치를 활용했다.

현관 천장에는 나무를 대서 다른 곳과 구분을 짓는 동시에 구조 보를 가렸다. 현관 바로 옆 작은 노란 방에 가방과 옷을 보관해서 생활 공간이 어수선하지 않도록 했다.

주방, 다이닝, 거실 공간이 매끄럽게 연결되어 있다. 세라믹 조리대와 거울로 마감한 벽이 주방 아일랜드를 공간의 중심으로 잡아준다. 천장 높이의 목제 수납장이 주방 가전제품을 감추며 수납공간을 극대화한다.

거실엔 눈에 확 띄는 녹색 토고 소파를 놓았고, 그 주위에는 이 커플이 좋아하는 디자이너의 작품들을 두었다. 스테인리스스틸 문 뒤에 숨겨진 접이식 책상은 전용 업무 공간이 되어주며 사용하지 않을 땐 쉽게 감출 수 있다.

침실에서는 럭셔리한 호텔 스위트룸 분위기가 난다. 오렌지색 카펫은 아파트의 과거에 바치는 오마주이며, 구석으로 갈수록 좁아지는 침대 헤드는 우아한 느낌을 더한다. 호두색 보트 핸들boat handle 이 달린 옷장의 수납량은 넉넉하다. 욕실 벽과 천장은 밝은 하늘색 빈티지 타일로 마무리해 푸른빛으로 가득하다. 모서리는 분위기를 더욱 부드럽게 만들기 위해 둥글게 마감했고 바닥은 흑백 대리석 타일이다.

야외 테라스에는 빌트인 벤치, 오렌지색 스트라이프 쿠션과 차양, 2인용 식탁, 빌트인 가구와 몇 가지 식물을 두었다. 지중해 느낌이 나는 평온한 곳이다.

르 클레르의 작은 공간 디자인 철학 중심에는 기능성과 비율, 자연광, 순환 최대화가 있다. 모든 것을 효율적으로 활용하기, 똑똑한 수납법, 생활 환경을 하나로 화합시켜주는 요소 도입하기가 그의 철학이다.

변신한 VM36은 도시의 작은 공간을 용도에 맞게 고치는 게 얼마나 중요한지 잘 보여준다. 기존 구조물에 새 생명을 불어넣음으로써, 르 클레르는 지속 가능하고 개인에게 잘 맞춘 주거의 잠재력을 보여준다.

● 매입 손잡이.

**114쪽**
차양과 유리 발코니가 있는 1970년대 아파트 빌딩의 독특한 외관. 넉넉한 면적과 높은 천장 역시 이 시대 건물의 장점이다.

**오른쪽**
집 안엔 커플이 좋아하는 디자이너들의 작품으로 가득하다.

후

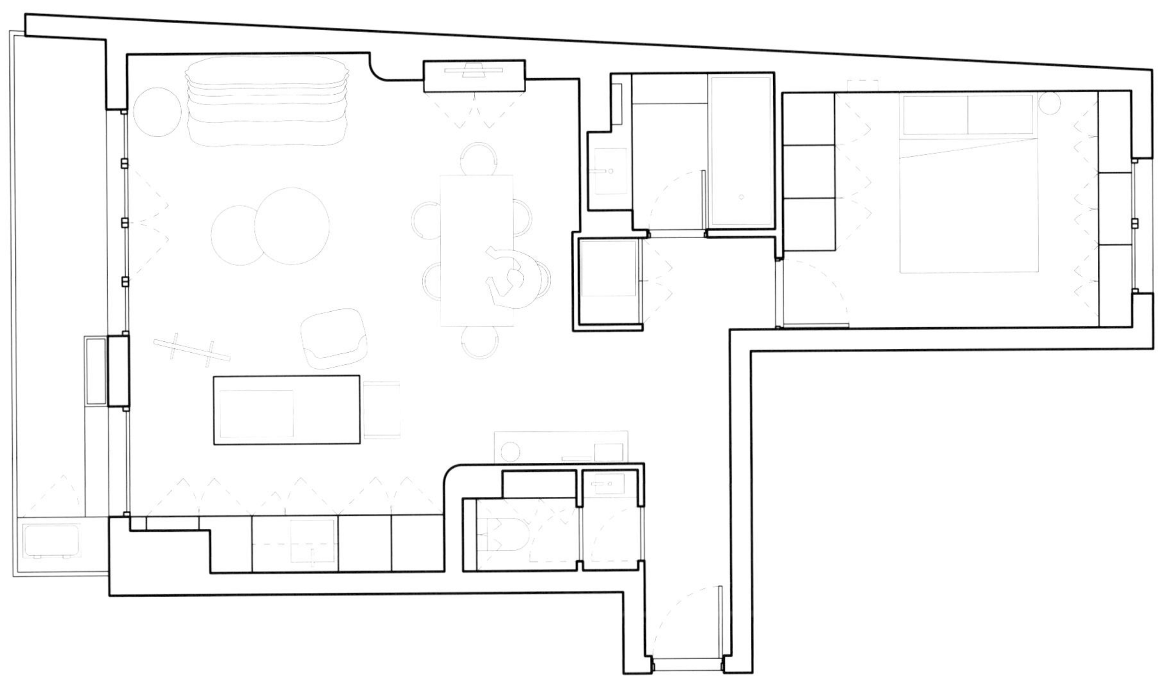

전

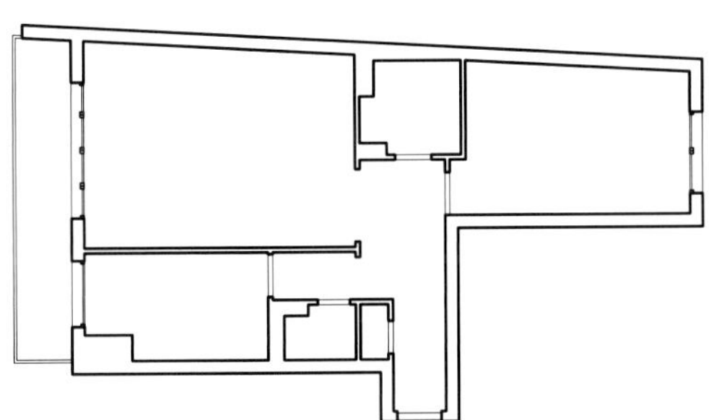

축척 1:100　　1　2　3　4　5m

자연광이 풍부해 주방의 어두운
색상이 아늑한 분위기를 만들어준다.

   2 다기능 공간

거실엔 눈에 확 띄는 녹색 토고 소파를 놓았고,
그 주위에는 이 커플이 좋아하는 디자이너의
작품들을 두었다.

**위**
전반적으로 차분한 색상이 주가 되어서
그런지 토고 소파가 유독 눈에 띈다.

**오른쪽 위**
스테인리스스틸 수납장 안에는 접이식
책상이 딸린 깔끔한 사무 공간이 숨어
있다.

**오른쪽 아래**
짙은 색 목재가 주방의 거울 벽이 주는
70년대의 느낌을 덜어준다.

**왼쪽**
파우더룸에 과감한 노란색을 사용해
창의적으로 구역 간 경계를 지었다.

**오른쪽**
파우더 블루 타일과 간유리가 메인
욕실 안에서 빛을 반사한다.

**아래**
짙은 색 목재와 머스터드옐로를
조합해서 70년대 시크함을
현대적으로 해석했다.

# 워털루 스트리트

## Waterloo Street

59m² / 17.8평
쓰리-d 콘셉트베르케
Three-d conceptwerke
싱가포르 부기스

테트리스 게임을 떠올려보라. 그런데 모든 블록이 흰색이라면 어떨까? 워털루 스트리트에는 움직이는 것이 정말 많다. 수납장, 책상이 모두 움직일 수 있도록 디자인되었다. 커튼을 여닫아 방을 가리거나 드러낼 수 있으며, 빛이 필요한 곳을 향해 아끼는 벽 조명등을 돌릴 수 있다.

이 집은 싱가포르 주택개발위원회 건물 중 하나로, 5층까지는 상점이고 이 집은 그 위에 있다. 1978년에 지어진 이 건물 주위는 온통 쇼핑몰, 힌두교와 중국 사원들이다.

지금처럼 밝고 안에서 돌아다니기 편한 곳이 되기 위해, 이 집은 불필요한 부분을 덜어내도록 리노베이션했다. 공간 재구성을 위해 실내 벽은 대부분 제거했고, 중심 구역은 벽으로 공간을 나누는 방 대신 구역이 있는 오픈 플랜식으로 바꾸었다.

수석 디자이너 데스 추Dess Chew를 비롯한 쓰리-d 콘셉트베르케 팀은 "심플하고 편안하며 우리가 함께 취미를 즐길 수 있는 유연한 공간"을 원한다는 건축주들의 요청에 따랐다. 그리고 그들의 다양한 소장품과 수집품을 위한 미니멀한 배경을 완성했다.

루버로 만든 커다란 현관문은 헛간문을 닮았다. 예상 밖의 이 문은 1970년대 이 건물이 생겼을 때에 대한 존중이며, 프라이버시를 지켜주면서도 숨 막히게 더운 싱가포르의 여름에 환기도 도와준다.

들어가면 미니멀리즘 디자인이 맥시멀리즘 미학을 돋보이게 해준다. "집을 밝아 보이게 하려고 우리는 흰 페인트, 타일, 바닥을 사용했다. 집주인들의 물건이 눈에 확 들어오게 해준다"라고 추가 말했다. 정말 물건들이 눈에 확 들어온다.

집주인이 구조가 고정되는 걸 싫어했기 때문에, 주로 재택근무를 할 때 쓰는 바퀴 달린 두 개의 테이블은 필요하면 밀어서 커다란 식탁으로도 사용한다. 오리지널 265 파올로 리차토Paolo Rizzatto 벽 조명등은 각도 조정이 가능해서, 책상을 어디에 놓든 그 방향으로 빛을 비출 수 있다.

벽의 창문들을 통해 빛이 충분히 들어온다. 거실 영역 벽 앞에 바퀴 달린 모듈형 수납장을 두었다. 청소가 수월하도록 윗부분은 비스듬하게 만들었다. 쓰지 않을 때에 재활용할 수 있도록 내구성과 지속 가능성을 염두에 두고 디자인한 가구다.

분위기를 가라앉혀주는 대형 목제 수납장은 따뜻한 1970년대 느낌을 주고, 집주인 커플이 수집한 주방용품과 자질구레한 물건들을 보관할 공간이 되어준다. 필요한 장비를 다 갖춘 주방은 천장 높이까지 가로세로 모두 10센티미터인 모자이크 타일로 덮었는데, 이것도 1970년대에 대한 섬세한 오마주의 일환이다.

욕실엔 유리 블록 벽을 써서 밝고 통풍이 잘되는 듯한 느낌을 주었다. 욕실의 하이라이트는 말할 것도 없이 세면대 위 거울인데, 거울을 돌리면 작은 수납 선반 두 개가 드러난다.

커튼은 신중하게 의도해서 주방 입구와 작고 아늑한 침실 입구에 걸어놓았다. 커튼으로 에어컨 사용 범위를 조절할 수 있고 필요하다면 구역을 분리할 수 있다.

워털루 스트리트는 유연하고 늘 변화하는 공간의 진정한 잠재력을 보여주는 멋진 예다. 이 집은 텅 빈 캔버스가 아니다. 물건이 가득하고 무한한 가능성을 지닌, 제대로 기능하는 집이다.



**124쪽**
루버 현관문은 1970년대에 이 건물이 탄생했음을 기리는 것인 동시에, 프라이버시를 지키면서도 더운 계절에 통풍이 최대한 잘되도록 해준다.

**아래**
주방의 흰 사각 타일은 안쪽에 있는 욕실의 유리 블록과 짝을 이룬다.

후

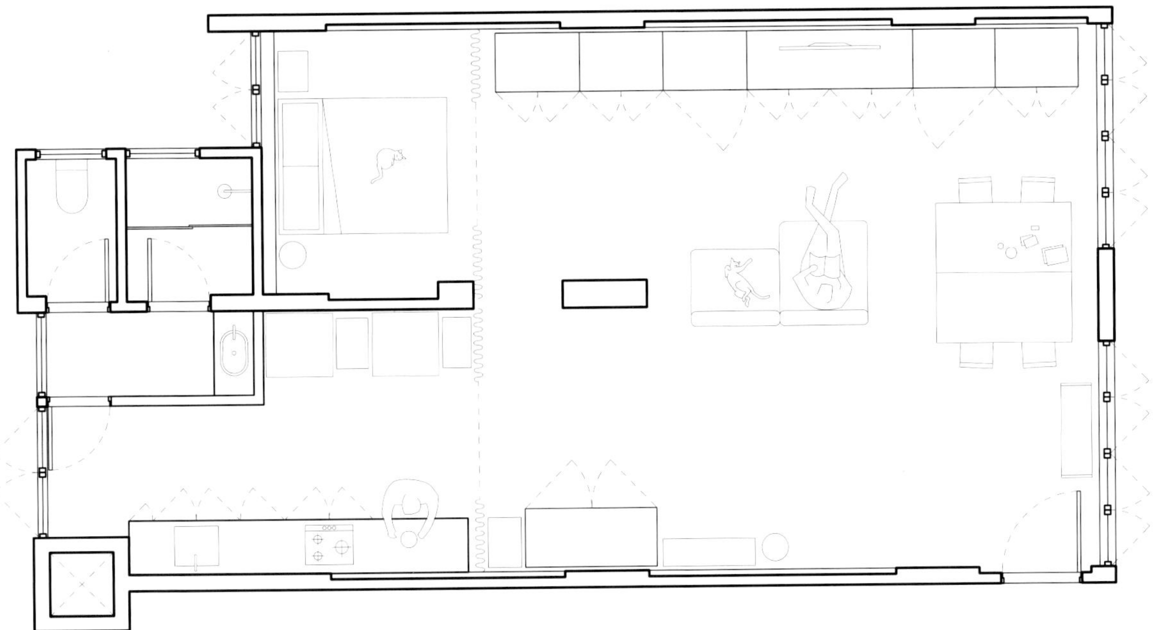

전

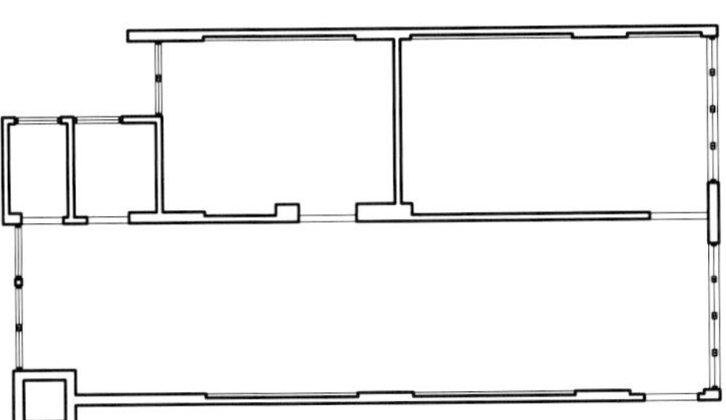

축척 1:100

미니멀리즘 디자인이 맥시멀리즘 미학을
돋보이게 해준다.

HD



왼쪽
맞춤 제작한 금속 수납장에
커플의 소장품을 넣었다. 윗부분을
기울어지게 만들어서 청소하기
편하게 만들었고, 바퀴가 달려서 집안
구조를 쉽게 바꿀 수 있다.

아래
큰 업무용 책상 두 개를 붙여 식탁으로
쓸 수 있게 했다.

오른쪽
중립적인 배경과 이동이 쉬운 가구
덕택에 주인들이 바라는 대로 쉽게
바꾸고 조정할 수 있는 집이 되었다.

위
오리지널 265 파올로 리차토 벽
조명등은 책상을 어디에 놓든 그
방향에 맞춰서 빛을 비출 수 있다.

오른쪽
빛이 최대한 많이 들어오도록 욕실
자재에 신경을 썼다.

# 3

도시화가 빠르게 진행되고 환경 의식이 높아지는 지금, 지속 가능한 주거 방식이 과거 어느 시대보다도 긴급히 필요하다. 탄소 발자국을 줄이고 자원을 보다 효율적으로 활용하려고 애쓰는 과정에서 적응적 재사용은 기능성과 환경 의식을 모두 구현한 작은 집을 만드는 강력한 도구로 부상했다.

적응적 재사용은 기존 구조나 공간을 현대 생활의 필요를 충족하면서 새롭고 목적 있는 주거지로 변신시키는 방식이다. 전통적 리노베이션이나 리모델링을 넘어선 것으로, 건물을 혁신적으로 재해석하고 새로운 용도로 전환하기 위해 한계를 극복한다. 비용 대비 효과와 자원 보존이라는 면에서 실질적 장점이 있을 뿐 아니라, 개조할 건물의 특별한 성격과 역사를 기념하는 접근 방식이기도 하다.

이 섹션에서 우리는 지속 가능하며 효율적인 주거 공간을 만들려는 사람들에게 적응적 재사용이 제시하는 가능성을 탐구했다. 그리고 적응적 재사용의 영역을 깊이 살펴봤다. 영감을 주는 이 집들은 기발한 방식으로 지구의 생태적 발자국을 존중하는 동시에 현재의 주거 공간에서 필요한 점 역시 만족시키는 곳이 되었다.

역사적 도시 만토바에 있는 모놀로칼레 EFFE는 적응적 재사용의 측면에서 주목할 만한 사례다. 리노베이션 초기 단계에서 숨어 있던 보물이 드러났는데 바로 여러 세기의 역사를 간직한 흥미로운 벽이었다. 이 건축 유물을 가리거나 없애는 대신, 아키플랜스튜디오는 이것을 집의 중심 요소로 삼았다.

활기찬 아테네 중심부의 콜로나키는 유명 작가의 스튜디오라는 세계로 초대하는 적응적 재사용

# 적응적 재사용

프로젝트다. 아테네의 문학적 역사의 증거이기도 한 이 공간은 과거 거장들의 울림을 담은 벽을 경건하게 보존했다.

이 공간의 과거를 온전히 기억하려는 디자인 접근이다. 영감의 흔적이 남은 벽은 전혀 손대지 않은 채 보존되며 작가의 예술적 여정과 직접적으로 연결해주는 역할을 한다. 세심한 복원과 현대 요소의 사려 깊은 배치를 통해 콜로나키는 과거의 매력과 새로움이 주는 편리함을 하나로 만들었으며, 거주자들이 유서 깊은 이 벽 사이에서 영감을 얻도록 이끈다.

아테네 교외의 일리우폴리 아파트는 한때는 어두침침하고 잊힌 공간이었지만, 거주자에게 편안함과 기능성을 제공하는 집으로 되살아났다. 전략적 디자인 개입을 거쳐 이제는 자연광이 쏟아지며 따뜻이 맞아주는 분위기의 집이 되었다.

여기저기 사용된 파란색은 바다를 상징하는 동시에 그리스인들의 애정을 보여주는 것이기도 해 눈길을 끈다.

이 사례들은 작은 주거 공간에서 적응적 재사용이 갖는 힘을 잘 나타낸다.

적응적 재사용이 갖는 장점은 환경적 장점 외에도 많다. 도외시되었던 지역을 재활성화해서 공동체 의식을 살리고, 도시의 역사적 맥락을 보존하며, 도시 재생에도 기여한다.

# 플랫 일레븐

## Flat Eleven

⤢ 50m$^2$ / 15.1평

👤 피에라텔리 아르키테투레
  Pierattelli Architetture

📍 이탈리아 피렌체 올트라르노

건축가들은 작은 창문을 잘 내지 않는다. 빛이 많이 들어오지 않는 설계를 할 필요가 있을까? 하지만 만약 작은 창문이 피렌체 중심부에 있는 르네상스 양식의 산토 스피리토 성당 돔을 완벽하게 담아내는 액자가 된다면 어떨까?

플랫 일레븐은 이탈리아 피렌체의 올트라르노 구역에 자리한 역사적 12세기 건물에 있다. 목수, 복원 전문가, 류트 제작자, 대장장이로 유명한 지역이고, 상당수가 지금도 이 일에 종사한다. 피렌체에서 가장 큰 박물관을 담은 르네상스 시대의 피티 궁전이 맞은편 광장에 위치하고 있다.

클라우디오 피에라텔리Claudio Pierattelli는 파트너와 함께 살 '밝고 탁 트인' 집을 갖고 싶어서 피에라텔리 아르키테투레 팀과 함께 부모님 소유 아파트에서 50제곱미터(15.1평)만큼을 손보았다. 필요 없는 요소는 제거하고, 별도의 현관과 주방을 만들고, 헤링본 패턴 마루로 교체했다.

"우리는 이 도시에서 평온하고 소중한 공간 하나를 만들고 싶었다. 사람들이 자신을 발견하고 표현할 수 있는 곳"이라고 피에라텔리는 이 집을 설명했다.

주로 흰색을 쓰되 포인트로 진한 파란색을 사용했다. 주로 바닷가의 작은 집이나 별장에 쓰는 색상 조합이라 이 오래된 도시 중심에서는 예상 밖의 선택이지만, 그 덕택에 독특하면서도 평화로운 분위기의 집을 만들 수 있었다.

새로 만든 현관은 단순함을 통한 휴식이라는 아이디어를 완벽하게 전달한다. 빛이 듬뿍 들어오는 큰 창문과 코트를 거는 은색 바가 전부다. 현관에서 한 계단 내려오면 두 층 높이의 천장이 공간을 더 넓게 느껴지게 해서 뜻밖의 즐거움을 선사한다. 이 모든 요소는 빛이 최대한 들어오고 동선이 자연스럽도록 의도한 것이다.

벽을 따라 맞춤 제작 벤치의 3분의 2에는 소파 쿠션을, 나머지 3분의 1에는 화분을 놓았다. 이 집의 벽들이 평행하지 않아서, 피에라텔리는 소파 한쪽 폭을 반대쪽보다 좁게 디자인해 실내가 대칭으로 보이게 했다. 벽에는 플로팅 선반 여러 개를 거의 천장 높이까지 달았다. 캔틸레버cantilever● 계단 아래엔 텔레비전을 설치했다. 자전거를 계단 아래에 거꾸로 매달아두어 쉽게 꺼낼 수 있으면서 시야를 가리지는 않는다.

아름다운 아치를 사이에 두고 거실과 주방이 이어진다. 주방용품은 전부 흰색 도장 마감 수납장에 넣어 보이지 않게 했다. 수납장과 함께 흰색과 회색 대리석이 벽에 붙어 있다. 캔틸레버 계단과 거실의 플로팅 선반처럼, 작은 플로팅 식탁은 공간을 잡아먹지 않고 쓰지 않을 때는 의자 두 개를 식탁 밑으로 끝까지 밀어넣어둘 수 있어서 골랐다. 주방 바로 옆에 작은 워크인 옷장과 욕실이 있다.

● 지지점이 양쪽에 다 있지 않고 한쪽에만 지지점이 있는 구조로, 다리나 계단 등에서 볼 수 있다.

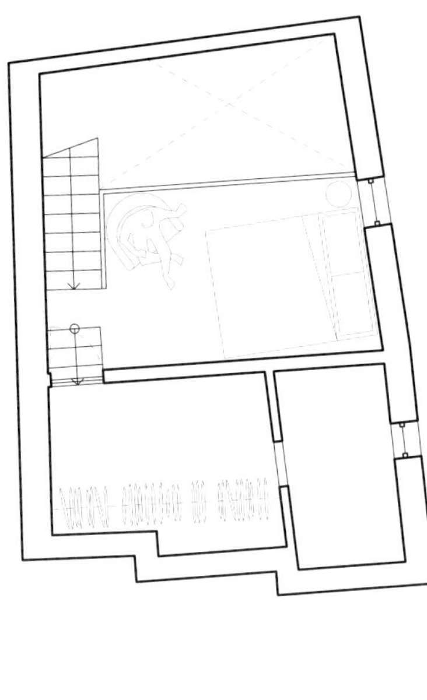

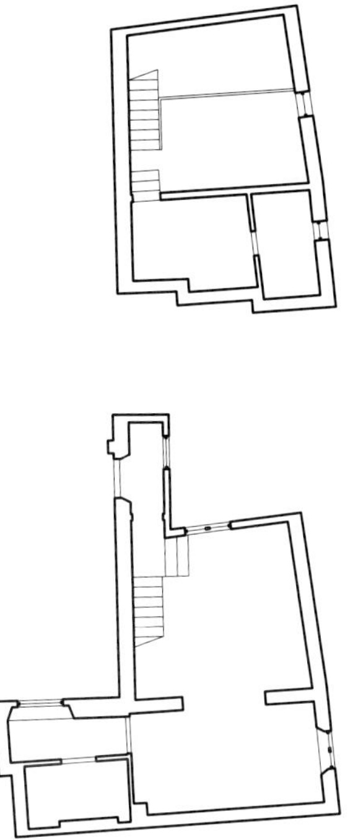



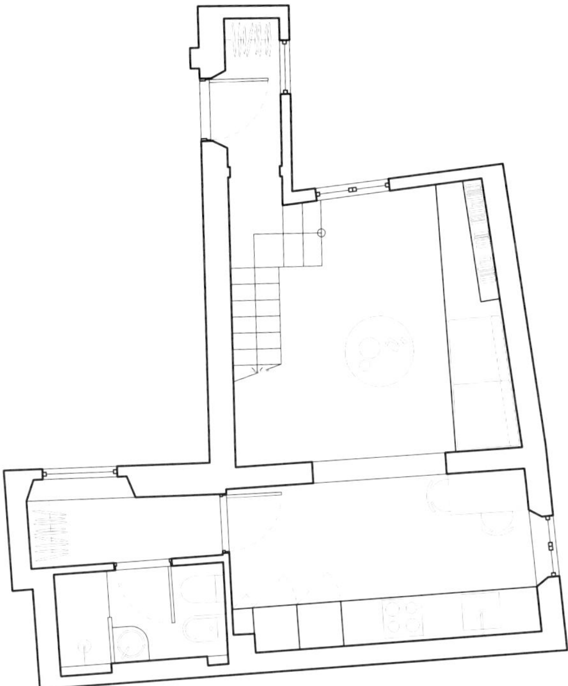

축척 1:100

1  2  3  4  5m

거실 위에 로프트가 있고 여기에 더블베드를 두었다. 이 공간에서 빛이 들어오는 통로는 작은 창문 하나뿐이기 때문에 빛이 최대한 들어오도록 유리 난간을 설치했다. 피에라텔리는 액자에 넣은 듯이 산토 스피리토 성당을 완벽하게 보여주는 이 창문이 '이 집의 보석' 이라고 말한다.

로프트의 절반 이상은 수납공간으로 쓰는 워크인 옷장이다. 이 공간 덕분에 집의 주요 공간들을 말끔하고 어지럽지 않게 유지할 수 있다. 옷장의 짙은 나뭇잎 무늬 벽지는 다른 공간의 밝은 흰색, 파란색과 멋진 대조를 이룬다.

피에라텔리는 피렌체에서 살면 "필요한 건 모두 코앞에 존재한다. 동네에서만 생활할 수도 있다"라고 말한다. 근처에 박물관, 정원, 기념비, 궁전, 르네상스 성당이 있으니 현명한 철학이다.

**136쪽**
팀은 '현대적이고 젊은 감각에
무엇보다 밝고 탁 트인' 집을 만들고
싶었다.

**138쪽**
집의 간결함에 대해 피에라텔리는
말한다. "집이 '숨 쉬는' 걸 돕고 싶었다.
나는 사방에 가구가 있는 건 싫었다."

**왼쪽**
주방에는 자연광이 넘치게 들어온다.

**위**
리노베이션하며 캔틸레버 계단은
손대지 않았다. 계단을 받치는 동시에
도장 마감한 철골 보는 피에라텔리의
자전거를 매달아두기에도 아주 좋다.

우리는 이 도시에서 평온하고 소중한 공간 하나를
만들고 싶었다.

# 일리우폴리 아파트

## Ilioupoli Apartment

↗ 55m² / 16.6평
♁ 포인트 수프림 아키텍츠
Point Supreme Architects
⊙ 그리스 아테네 일리우폴리

이곳이 지금처럼 아름다운 55제곱미터(16.6평) 아파트가 되기 전에는, 아테네에 위치한 가족 거주용 다세대 건물에 딸린 어둡고 노출 콘크리트 지하 창고였다.

공간을 리노베이션할 때 가장 자주 등장하는 목표는 '개방하자, 밝게 하자, 동굴 같은 공간을 없애자'이다. 하지만 건축가 콘스탄티노스 판타지스Konstantinos Pantazis와 마리아나 렌초Marianna Rentzou가 이 지하실을 처음 봤을 때 그들은 "이 공간의 마법 동굴 같은 느낌"을 유지하기로 결정했다.

"작은 공간을 디자인할 때, 우리는 미니멀 건축과는 정반대로 한다. 우리는 집 전체를 서로 다른 영역으로 나누고 다양한 소재를 사용하려 한다"라고 렌초가 말했다.

집에 들어서자마자 이 원칙이 뚜렷이 드러난다. 맞춤 제작한 세라믹 바닥 타일은 콘크리트 위에 대충 깔아놓은 것처럼 붙었다. 일본에서 영감을 받은 목제 파티션 스크린에는 신발을 넣을 공간이 마련된 벤치와 화분도 붙어 있다. 이 두 가지가 현관 구역을 정해준다. 그리고 실내를 가리는 노렌 커튼●을 걸었다.

노렌 커튼을 지나면 커피 테이블과 단순한 의자 두 개가 놓인 거실 영역이 나온다. 전동 프로젝터 스크린을 위에 설치해서 집에서 영화도 즐길 수 있다. 테이블 옆에는 눈에 잘 안 띈다는 이유로 고른 금속 책장을 놓아두어 자연스럽게 거실과 침실 영역 사이의 파티션 역할을 한다.

바닥에 무늬가 있는 타일을 한 줄 깔아서 침실은 다른 영역과 보다 분명하게 구분된다. 책장 뒤에 둔 슬라이딩 철제 파티션은 프라이버시와 보온을 위해 저녁에는 닫을 수 있다. 침실의 두 커튼(골든 오렌지와 터키 블루)은 다른 높이로 달아서 공간이 더 넓어 보이게 하고 시각적 흥미를 더했다. 침대 뒤 벽은 코르크 소재로 마감해서 질감 한 층을 더하면서 바깥 소음도 줄여준다.

침실 영역 바로 밖에는 맞춤 제작한 옷장을 배치했다. 옷장 옆 벽면엔 큼직한 거울이 붙어 있고(이것 역시 공간이 더 넓어 보이게 하기 위해서다) 모퉁이를 따라 흰 금속 선반들을 놓았다. 이 선반은 다른 출입구와 에어컨을 가리기 위한 의도로 설치한 것이다.

아파트 중심엔 맞춤 제작한 6인용 철제 식탁을 두었다. 창문과 수직으로 놓아서 모여 앉은 사람들은 모두 그림자가 어른거리는 햇빛을 바로 즐길 수 있다.

주방이 별도의 방으로 느껴지지 않도록 큰 수납장 두 개만 놔두었다. 아일랜드(교묘하게도 네 면 모두 열린다)와 주방 찬장은 따뜻한 느낌의 붉은색 라미네이트 소재로 제작했다. 조리대 벽면은 그리스산 검은 대리석으로 마감했다.

렌초는 주방 벽으로도 기능하는 입구 목제 파티션 스크린에 대해 "마치 정원 옆의 방에 서 있는 기분이 든다"라고 말한다.

반대편 주방 벽 위쪽에 나 있는 사각형 창문을 통해 위에 있는 푸른 공간이 보인다. 수족관을 들여다보는 기분이다. 욕실인데 '해변 같은 느낌을 만드는' 플로팅 벤치가 놓인 깔끔한 공간이다.

55제곱미터 공간에 시각적으로 끊임없이 놀랍고 재미있는 집을 만들어낸다는 건 인상적인 성취다. 일리우폴리는 지하실이라는 본래 성격을 유지하면서도 빛을 받아들이는 그 힘든 일을 해냈다.

● 일본 가게, 식당, 술집 등의 앞에 상호 등을 적어 걸어두는 짤막한 커튼 같은 천.

**144쪽**
공간을 분리하고 각기 다른 소재를
사용하겠다는 건축가들의 철학은
일리우폴리 아파트 입구에서부터
명확히 드러난다.

후

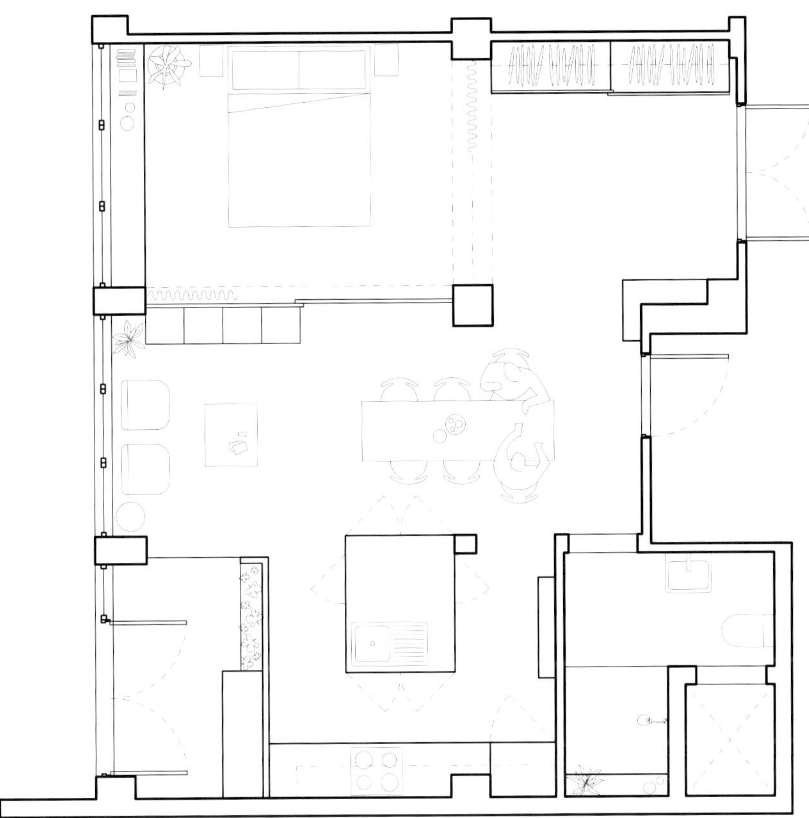

전

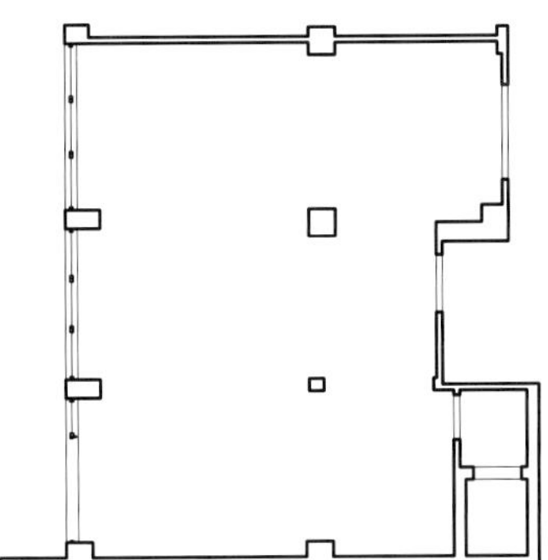

축척 1:100
1    2    3    4    5m

아래
파티션 스크린이 주방과 입구를
분리하지만 파티션에서 수직으로
자라는 식물들은 양쪽 모두에서 즐길
수 있다.

오른쪽
파티션이 주방의 따스한 붉은
라미네이트 찬장에 예쁜 그림자를
드리운다.

**아래**
집 중앙의 맞춤 제작한 큰 철제
테이블은 다양하게 활용된다.

**오른쪽**
슬라이딩 철제 파티션과 오렌지색
커튼을 쓰면 침실을 프라이빗한
공간으로 만들 수 있다. 바닥 타일로
만든 선 또한 다른 공간과 침실을
미묘하게 구분해준다.

위
건축가들이 이 집을 '서로 다른 방들이
모인 시스템이지만 벽은 없는' 곳으로
만들기로 한 덕분에 비현실적이고
흥미로운 결과물이 나왔다.

오른쪽
밝은 파란색 욕실.

우리는 집 전체를 서로 다른 영역으로 나누고
다양한 소재를 사용하려 한다.

# 콜로나키 아파트

## Kolonaki Apartment

48m² / 14.5평

클러스터 아키텍츠
Cluster Architects

그리스 아테네 콜로나키

이 아파트는 아테네에서 부유한 교외 지역에 속하는 콜로나키의 중심부에 위치한다. 1970년대에 건축된 복합건물로, 클러스터 아키텍츠의 로라 잠파라Lora Zampara와 미할리스 사플라우라스 Michalis Saplaouras의 손을 거쳐 인상적인 새 단장을 했다.

처음엔 1층에 상업 공간을 두는 다목적 건물로 활용할 계획으로 지어졌다. 지금은 위층에 로펌과 주거 공간이 들어왔고 1층에는 골동품 가게가 있다.

잠파라와 사플라우라스의 목표는 실용성, 편안함, 우아함이 잘 어우러지고 가구가 완비된 아파트를 디자인하는 것이었다. 그래서 작은 주거 공간 리노베이션 전통 모델에서 벗어나게 되었다. 이들은 공간 구성을 최대화하기 위해 벽을 없애지 않고 오히려 추가했기 때문이다.

48제곱미터(14.5평) 아파트를 디자인하는 단계에서 잠파라와 사플라우라스는 큰 문제 하나에 부딪혔다. 창문과 발코니가 각각 하나뿐이라 자연광을 충분히 들이기가 어려웠다는 점이다. 이웃집 때문에 유압 설비와 배관 제거가 불가능하다는 제약도 있다. 주방과 욕실은 배관이 위치한 곳에 있어야 했지만, 나머지 평면은 자유로운 구성이 가능했다. 리노베이션 과정에서 발견한 다른 장애물들은 알고 보니 방해 요소라기보다 이 집의 특징이 되었다. 이 아파트는 예전에는 아티스트의 스튜디오였다. 두 건축가는 '1970년대부터 2000년대에 걸쳐 유명 아티스트와 지식인들이 남긴 사인으로 가득한 벽'을 발견하고 기뻐서 어쩔 줄 몰라 했다. 그들은 벽을 '아무 개입 없이 조심스럽게 관리할 수 있도록' 만전을 기했다.

그 고민 끝에 개방되고 바람이 잘 통하면서도 프라이버시는 유지되는 공간이 되었다. 일반적인 벽 대신에 이들은 반투명한 벽, 일본 종이와 거울을 사용해 자연광을 최대한 들여와서 따뜻하고 환대하는 듯한 실내 분위기를 연출했다. 입구 근처의 기둥은 공간 내 어디서든 동선을 편리하게 해주면서 공간의 질서를 만든다. 원래는 직육면체였으나 원기둥으로 바꿔서 부드럽게 만들었고, 맞춤 제작 청동 조명을 달아 눈에 확 띄는 중심 요소로 변신시켰다. 실내를 더욱 밝게 하기 위해 얼마 안 되는 빛을 반사해 자연광을 증폭시킬 수 있는 거울을 전략적으로 천장과 기둥에 달았다.

현관 옆에는 1960대 영향을 받은 타공 목제 파티션을 두어 다이닝 영역과 다른 공간을 분리했다. 미드 센추리 모던 스타일의 테이블과 의자는 아래에 수납공간이 마련된 벤치형 좌석과 한 세트로 놓여 있다.

하부 수납공간이 마련된 맞춤 제작 책장이 거실과 다이닝 영역을 시각적으로 분리한다. 작은 소파는 손님용 침대를 겸하며, 벽에 고정된 맞춤 제작한 플로팅 소파는 바닥 면적을 비워 공간이 더 넓게 느껴지도록 한다.

침실은 반투명 유리를 끼운 철제 프레임으로 둘러싸 아파트 내에 자연광이 들어오게 했다. 철제 프레임 뒤에 맞춰 넣은 옷장에는 목재와 일본 종이로 만든 라이트 패널을 달았다.

**154쪽**
직육면체였던 기둥을 원기둥으로 바꿔 아파트에 더 부드러운 느낌을 주었다.

**왼쪽**
주방은 미니멀하지만 현대적인 편의시설도 모두 갖추었다.

후

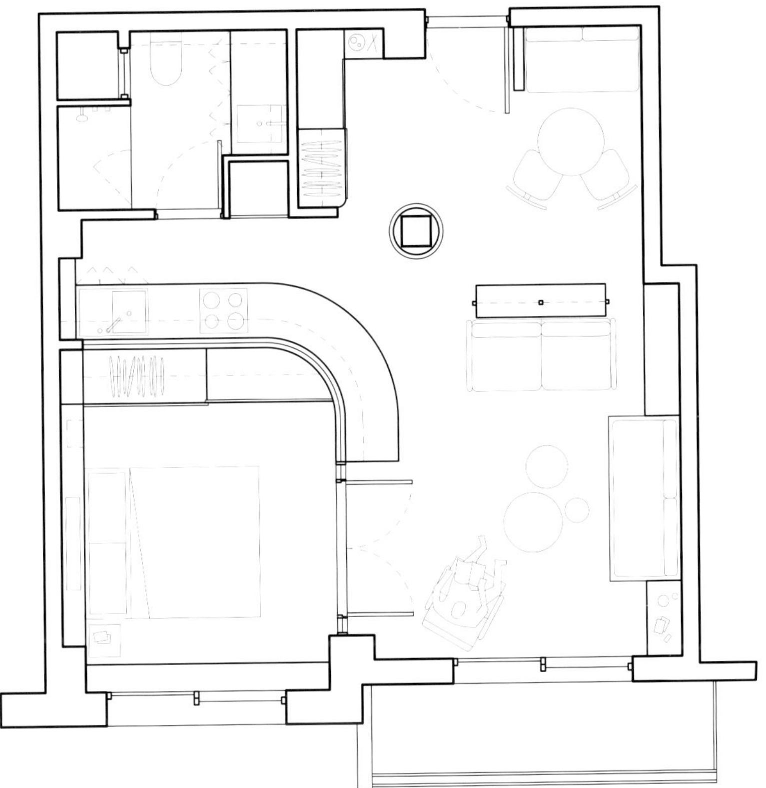

전

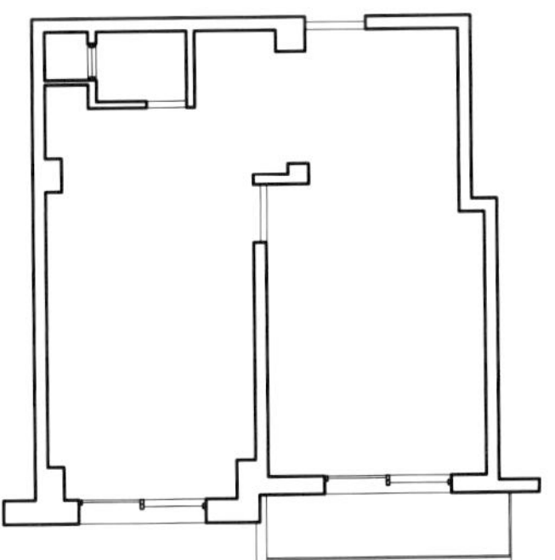

축척 1:100　　1　2　3　4　5m

주방은 침실 바깥 벽을 감싸는 구조이고, 거실, 침실, 욕실을 연결하는 아파트의 중심 역할을 한다. 냉장고는 주방 조리대 맞은편의 검은색 벽에 빌트인으로 설치했고, 이 벽의 끝에는 욕실이 있다. 욕실에는 자연광이 없어서 밝게 만들고 공간의 깊이감을 더하기 위해 거울을 달았다. 바닥과 샤워실 벽에는 큰 대리석 슬래브를 사용했는데, 이 규모가 대리석의 자연미를 강조한다.

콜로나키는 한정된 공간에서 기능적이고 편안하며 유연한 디자인을 구현한 잠파라와 사플라우라스의 솜씨를 보여주는 증거다. 이들은 세심하게 소재를 선택하고 자연광이 부족하다는 문제를 극복할 창의적 해결책을 고안했으며 이곳에 깊이와 차원을 가득 불어넣었다. 낡은 아파트였던 곳을 놀랄 만큼 아름답고 현대적인 집으로 변신시켰다.

그 고민 끝에 개방되고 바람이 잘 통하면서도
프라이버시는 유지되는 공간이 되었다.

**아래**
자연광을 최대한으로 활용하는 곳은
거실이다. 침대 겸 소파를 그리스의
태양을 흠뻑 받는 자리에 두었다.

**오른쪽**
기둥에 금색으로 포인트를 주어
흉물이 아닌 이 집의 특징으로
만들었다.

# 모놀로칼레 EFFE

## Monolocale EFFE

36m² / 10.9평
아키플랜스튜디오Archiplanstudio
이탈리아 롬바르디아 만토바

이탈리아 롬바르디아주의 도시 만토바는 웅장한 궁전과 르네상스 건축으로 유명하다. 모놀로칼레 EFFE에도 놀라운 건축 요소로 가득하다. 아키플랜스튜디오의 건축주는 할머니 소유 아파트를 두 집으로 나눠달라고 요청했는데, 당시 건축가들은 숨은 보물이 문자 그대로 묻혀 있다는 건 아직 몰랐다.

15세기 건물에 있는 36제곱미터(10.9평)짜리 집에는 원래 침실이 두 개였다. 그 사이의 벽을 허물고 새 현관, 주방, 욕실을 더했고, 거의 천장까지 이르는 침실 큐브를 한가운데 설치했다.

리노베이션 초기 단계에, 수년간 덧발린 페인트와 회반죽 아래 묻혀 있던 아름다운 프레스코 벽화가 발견되었다. 발굴된 역사의 층위가 이 집의 디자인 방향을 선명하게 만들었다.

현관에서부터 과거와 현재의 만남이 잠시 보인다. 노출된 벽과 코트를 걸기 위한 단순한 나무 고리, 유리문이 달린 수납장이 있다.

거실, 주방, 다이닝 영역이 한 구역에 같이 있는데 아키플랜스튜디오가 디자인한 맞춤 제작 오크 가구 덕택에 자연스레 하나로 연결된다. 한쪽 벽 앞에는 장식 공간이자 앉을 수 있는 긴 벤치를 두었다. 침실 큐브 벽과 폭이 같은 다이닝 벤치는 침실 큐브에 붙어 있다. 작은 정사각형 식탁은 보통 재택근무를 할 때 사용하는데, 최대로 늘리면 여덟 명까지 앉는 게 가능하다.

식탁 옆쪽 벽은 단순하지만 세련된 주방으로 만들었다. 황동으로 마감한 아래쪽 수납장 문은 실내에 따뜻한 분위기를 준다. 벽에 고정된 인덕션은 필요할 때만 조리대에 올려 사용하기에 조리 준비 공간을 넉넉하게 확보할 수 있다.

욕실은 침실 입구부터 시작된다. 오크 벤치 위에 놓인 네모난 레진 세면대는 거실 영역의 벤치를 떠올리게 한다. 화장실과 샤워실은 슬라이딩 도어로 가렸다. 프레스코 벽화는 미니멀한 공간에 가공되지 않은 느낌과 부드러운 질감을 더했다.

1960년대에 시공된 테라조 바닥은 가볍게 샌딩한 뒤 보호 코팅으로 마감했다.

이 집의 하이라이트인 침실 큐브를 집 한가운데 배치했다. 실내를 시각적으로 하나로 보이게 만들고 공기 흐름을 돕기 위해 벽은 천장에 닿지 않는다. 목재로 제작한 가구식 평상 하부엔 수납공간을 마련했고 위엔 더블베드를 두었다. 침대 위 벽에는 플로팅 선반을 몇 개 설치했고, 잠수함의 둥근 창 같은 원형 구멍을 여기저기 뚫어 큐브 안에서도 프레스코 벽화를 볼 수 있게 했다.

모놀로칼레 EFFE는 오래된 도시에서 살아가는 동시대인의 삶의 원형이다. 여러 세기에 걸친 역사와 현대 미니멀리즘의 신선한 해석을 자연스럽게 결합한 이곳은 과거를 존중하며 미래를 바라보는 집이다.

**164쪽**
리노베이션 과정에서 여러 겹의 페인트와 회반죽에 숨어 있던 아름다운 프레스코 벽화가 발견되었다. 곧바로 이 벽들을 공간 디자인의 중심으로 삼았다.

**오른쪽**
인덕션은 공간 확보를 위해 벽에 달았다. 깔끔하고 일관성 있는 모습을 위해 식기세척기와 냉장고는 빌트인으로 설치했다.

    3 적응적 재사용

후

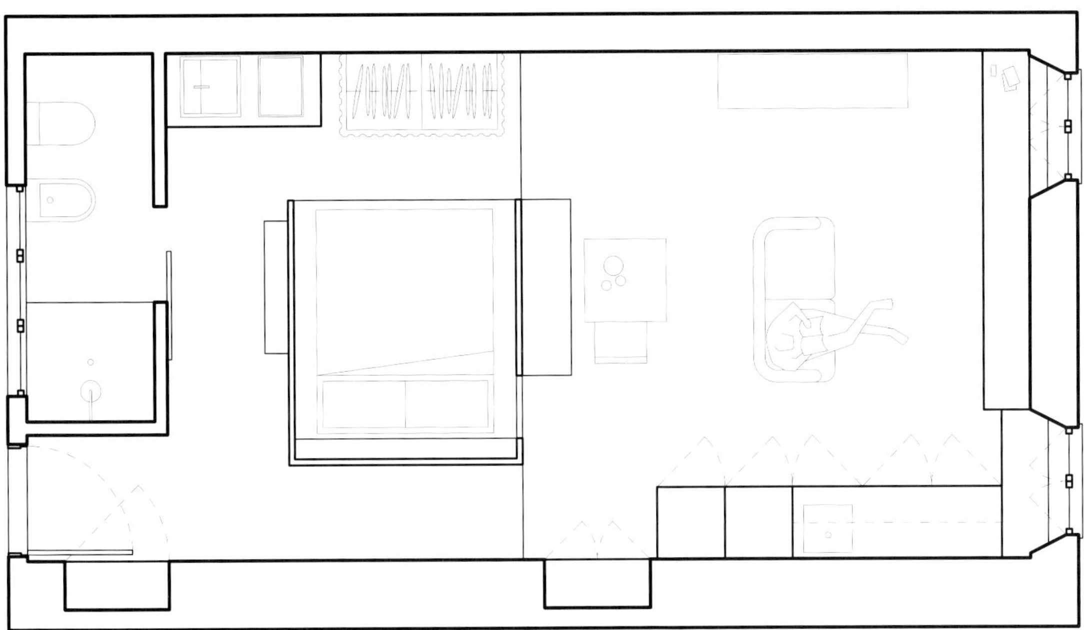

전

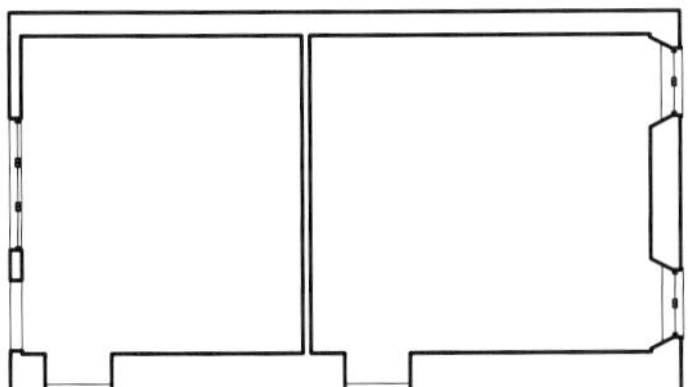

축척 1:100
1    2    3    4    5m

모놀로칼레 EFFE는 오래된 도시에서
살아가는 동시대인의 삶의 원형이다.

**왼쪽**
프레스코 벽화가 발견되고 나서
공간의 중심을 잡아줄 '중심 요소'가
필요해서 침실 큐브를 만들었다.
연장할 수 있는 식탁 겸 작업 테이블을
침실 큐브 옆에 두었다.

왼쪽
욕실을 최대한 미니멀하게 유지하기
위해 배관은 세면대 아래에 두었다.
세면대 옆에는 주문 제작한 황동 보관
상자가 있다.

오른쪽
아늑한 침실 큐브 속 헤드보드에 달린
빌트인 선반. 조명과 물건 등을 놓두는
용도다.

1 2 3 4 5 6 7 8 9 10 11 12 13 14 15 16 17 18 19 20
31 30 29 28 27 26 25 24 23 22 21
OTTOBRE

# 4

작은 공간 디자인에서의 실험적 접근은 우리가 고정관념에 도전하고 전통적 디자인의 제약에서 벗어나도록 이끌어 창조적 잠재력에 눈뜨게 한다. 현 상태에 의문을 갖게 하고 이렇게 질문을 던지게 한다. "이렇게 해보면 어때?"라고 질문하게 한다. 흔히 쓰지 않는 소재를 쓰는 건 어때? 저 공간의 기능을 다시 생각해보면 어때? 다른 영역의 경계를 흐려서 에너지와 목적이 잘 이어지도록 하면 어때? 우리는 실험을 통해 이런 질문의 답을 찾고, 협소한 환경에서 어떻게 살 수 있을지에 대한 새로운 관점을 얻을 수 있다.

처음에는 이토록 제한된 공간을 다룰 때, 실험이라는 콘셉트가 부담스럽거나 불필요하게 느껴질 수 있다. 검증된 방법을 쓰고 이미 자리 잡은 표준과 디자인 관습에 따르는 게 더 쉽지 않을까? 그러나 실험을 꺼리면 기회를 놓치고 가능성을 탐구하지 않는 세계에 스스로를 가둘 위험에 처한다.

과감한 실험이 갖는 힘의 증거인 맥시멀리스트 미니 로프트를 보라. 건축가이자 소유주인 앙토니 오티에는 문 손잡이와 3D 프린터로 만든 커피 테이블을 강렬한 핑크색으로 정하는 등 대담한 색상을 사용했다. 기존 관습에 도전하며 공간에 뚜렷한 개성을 불어넣은 시도다. 바닥과 조리대에 그레인 사이즈가 제각각인 타일을 썼고 로프트에도 그런 패턴과 질감을 적용했다. 그 결과 작은 공간은 우리를 시각적으로 사로잡는 경험의 장으로 변신했다.

바르셀로나의 EG112 단순한 주택은 실험적 접근이 기능성을 높이고 독특한 분위기를 만들 수 있다는 걸 드러내주는 좋은 예다. 겨자색 타일을 쓴 개방형 욕실은 시선을 확 사로잡는 중심점이 되고 공간 전반의 미감과도

# 실험적 접근

자연스럽게 어우러진다. 하코보 발렌티는 해양 테마를 도입해 배 안에 있는 듯한 분위기를 만들었는데, 실험적인 디자인 선택이 방랑벽과 매력을 불러일으킬 수 있음을 보여준다. 이케아 가구를 쓴 것도 영리했다. 가장 만만한 방법으로 특별하게 변신시킬 수 있다는 걸 증명하는 사례였다.

NC 디자인 앤드 아키텍처 리미티드의 캔디 큐브 레지던스는 색깔의 힘을 품고 있다. 이 엉뚱한 집은 생동적인 색감을 장난스럽게 받아들이며, 실험이 삶에 기쁨과 창의성을 가져다줄 수 있음을 보여준다. 교묘하게 채광창을 흉내 낸 욕실의 조명부터 공간의 경계를 은근슬쩍 표시하는 물결 모양 천장 디자인까지, 캔디 큐브 레지던스의 모든 요소는 실험적 접근이 얼마나 많은 것을 변신시키는지를 드러낸다.

실험적 접근을 포용하면 우리는 제약이 없는 창조성과 혁신의 세계로 나아가게 된다. 실험을 통해 우리는 예상하지 않았던 해결책을 발견하고, 작은 주거 공간에서 무엇이 가능한지 다시금 정의하며 독창적이고 획기적인 디자인을 알아낸다. 실험하며 한 걸음씩 나아갈 때마다, 우리는 공간, 소재, 기능성에 대한 경계를 다시 생각하고 기존의 한계에 도전하게 된다.

실험적 접근은 작은 주거 공간의 미적 매력을 높일 뿐 아니라, 실용성과 지속 가능성에도 기여한다. 대안적 건설, 환경친화적 소재, 에너지 효율적 해결책을 찾도록 해준다. 실험은 시각적으로 놀라운 공간을 만드는 게 다가 아니다. 자원을 활용하고 생태적 발자국을 최소화하는 지속 가능한 방법을 찾게 해준다.

# 스트로보스코프

**Stroboscope**

42m² / 12.7평
스튜디오브라보studiobravo
프랑스 파리 오페라

한때 나폴레옹의 옆집이었다는 루머가 있는 스트로보스코프는 프랑스혁명 이후에 만들어진 오스만 양식 건물의 5층에 있다. 파리의 많은 공간들처럼 이곳에서도 수많은 역사가 일어난 듯한 분위기가 느껴진다.

건축가 마리옹 리샤르Marion Richards와 토마 펠르랭Thomas Pellerin이 여기를 처음 봤을 때는 '집의 문화 유산 스타일은 이미 전반적으로 사라진 뒤'였다. 방들은 어두웠으며 전반적으로 공간의 비율이 맞지 않아 철저히 뜯어고쳐야 했다. 공간 레이아웃을 바꿔서 가장 어두운 부분이었던 주방을 침실로 바꿨고, 주방과 욕실은 새로 구성했다.

스트로보스코프에 들어가면 42제곱미터(12.7평) 아파트 끝에 있는 큰 발코니까지 바로 눈에 들어오고, 발코니에서는 파리 9구의 건물들이 내려다보인다. 현관 한쪽 벽은 코르크 재질로 마감했다. 공간을 원하는 방식으로 꾸미며 개인의 공간으로 만드는 쉬운 방법이다. 반대쪽엔 이중 유리문 두 개 너머로 매력적인 파란 침실이 보인다. 강렬한 인터내셔널 클라인 블루●는 이 집에서 가장 어두운 방임에도 매력을 내뿜는다. 침실엔 작은 워크인 옷장이 두 개 있다. 하나는 의뢰인의 옷을 보관하는 용도이고, 다른 하나는 작은 세탁 공간이다.

침실은 천장의 채광창에서 빛이 들어오고, 욕실은 흰색 타일을 붙이고 줄눈은 어두운 색으로 채운 미니멀한 공간이다. 검은색으로 사선을 그은 반투명 유리 벽을 설치했다. 욕실 뒤쪽 깊숙한 곳에 화장실이 있고 욕실과는 달리 화장실은 검은색 타일을 붙였다.

후

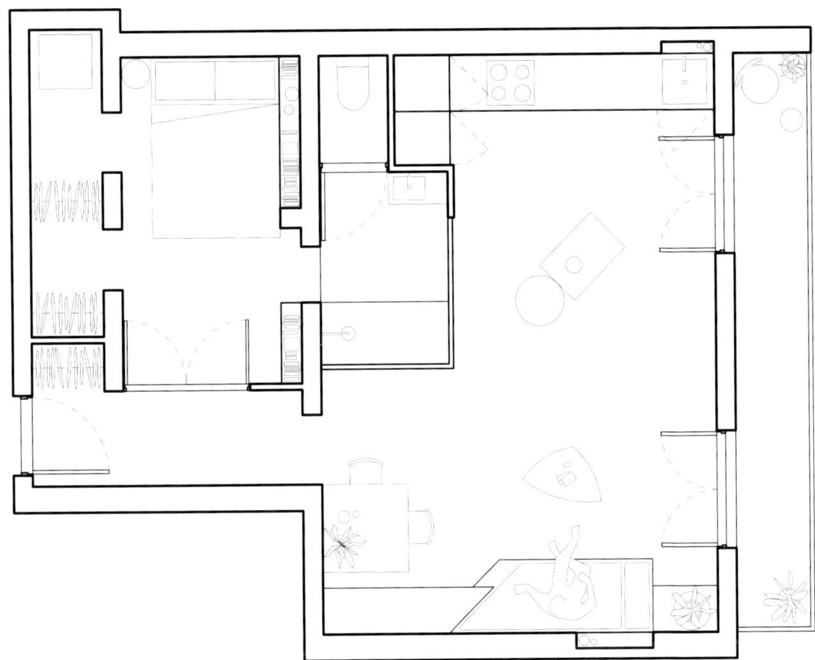

전

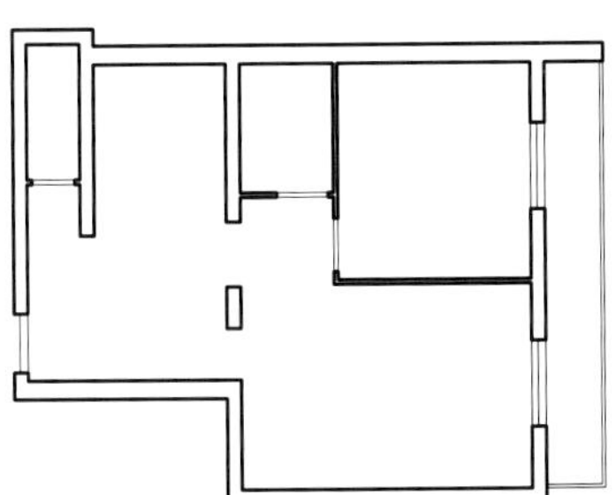

축척 1:100    1    2    3    4    5m

창문이 아파트 한쪽 면에만 있었기 때문에 욕실의 유리 벽은 여러 기능을 한다. 낮에는 침실까지 자연광을 전해주고, 밤이면 욕실을 집안 전체를 밝히는 거대한 라이트박스로 바꿔놓는다.

"투명한 벽을 이용해 실내 전체의 빛을 극대화하면서 아늑함을 유지하는 것은 샤를로트 페리앙Charlotte Perriand●의 일본 프로젝트 작품들에서 영감 받은 것"이라고 스튜디오브라보 팀은 설명한다.

유리 벽의 반대쪽은 거실이다. 거실에서는 이 유리 벽이 공간의 특징 요소가 된다. 거실은 널찍한데 손님들을 받기 위해 일부러 미니멀하게 꾸몄다. 벽 앞엔 검은색 다기능 목제 벤치를 두었다. 두 개의 층으로 높이 차가 나도록 디자인한 이 벤치는 바닥에서 떠 있는 것처럼 보인다. 위층은 식사 공간을 위한 의자고 아래층은 소파다. 욕실에 쓰고 남은 흰 타일을 오픈형 선반에 붙였다.

주방엔 필요한 장비가 다 갖춰졌다. 조리대 벽 마감은 스테인리스 스틸로 했고 수납공간은 넉넉하다. 움푹 들어간 부분은 검은 타일을 붙여 선반으로 사용하며 거실의 흰 선반과 마주하고 있다. 이동식 재활용 플라스틱 주방 아일랜드를 맞춤 제작해서 작업 및 수납 공간을 더 확보했다.

스트로보스코프에서는 모든 것이 검은색으로 연결되어 있다. 주방 표면과 거실 벤치가 검은색인데, 유리 벽의 틀도 검다. 욕실의 검은 수도꼭지는 주방의 선반과 화장실에 사용한 타일과 같은 색이다.

여기는 따뜻하게 감싸안아주는 집이 아니다. 드물지만 사치스러운 미니멀리즘을 받들며 완전히 독창적인 파리 중심부 주거지가 되기 위해 필요한 모든 조건을 자신 있게 충족시키는 곳이다.

**왼쪽**
가능한 한 집을 밝게 만드는 것이
의뢰인의 목표 중 하나였다. 펠르랭은
욕실의 유리 벽으로 '라이트박스'
효과를 만들어 어두웠던 곳까지 빛이
스며들도록 했다.      ● 프랑스 디자이너.

**왼쪽**
검은색 강조 포인트가 집 전체에 걸쳐
반복된다. 욕실의 검은 수도꼭지는
화장실의 검은 타일과 짝을 이룬다.

**오른쪽**
강렬한 인터내셔널 클라인 블루
침실에는 '이 건물의 역사에 대한
오마주'로 남겨둔 큰 나무 보가 있다.
이것 역시 같은 색으로 칠했고, 지금은
침실의 조각 장식 기능을 한다.

스트로보스코프에서는 모든 것이
검은색으로 연결되어 있다.

# 캔디 큐브 레지던스

## Candy Cube Residence

↗ 59m² / 17.8평
⚇ NC 디자인 앤드 아키텍처 리미티드
NC Design & Architecure Limited
◎ 중국 홍콩 타이 항

• 네덜란드 아티스트이자 디자이너인
사비너 마르셸리스Sabine Marcelis의
작품명으로 왼쪽 사진에서 보이는
캔디 색깔의 커피 테이블이다.

붐비고 활기 넘치는 도시에서 맛보는 약간의 달콤함. 넬슨 차우 Nelson Chow의 캔디 큐브• 레지던스가 주는 느낌이 바로 그렇다. 재미있으면서 다채롭고 미래적인 분위기에 수납공간이 넉넉한 집을 원했던 친구를 위해 디자인해준 이 집에 들어가는 순간, 홍콩의 시끌벅적함에서 벗어날 수 있다.

차우와 NC 디자인 앤드 아키텍처 리미티드 디자인 팀은 기존 평면 구성이 이 집의 잠재력을 최대한 활용하지 못하고 있다고 판단했다. 그래서 내부 벽을 철거하고, 욕실과 주방이 들어갈 구역을 제외한 공간 전체가 하나의 큰 방이 되도록 했다. 그 결과 59제곱미터(17.8평)라는 넉넉한 평면 구성을 최대로 활용할 수 있었다.

거실이 달콤한 디저트 같다면 차가운 금속 질감인 주방은 디저트를 담는 스푼 같다. 좁고 긴 주방의 양쪽 끝에 문이 있는데, 그중 하나는 아파트 입구다. 발코니를 통해 자연광이 많이 들어와서 주방은 전보다 밝아졌다. 주방을 지나 큰 공간에 들어가는 순간 다른 시대로 이동하게 된다.

곡선 벽, 이동식 파티션, 강렬한 색의 가구가 서로의 매력을 끌어올리며 이 집의 다양한 기능을 나누는 중요한 역할을 한다. 마감과 조명은 미래적이지만 색상은 70년대의 영향을 받아서 아시모프● 다운 분위기를 만들어낸다.

● 미국의 작가이자 생화학 교수인
아이작 아시모프Isaac Asimov.

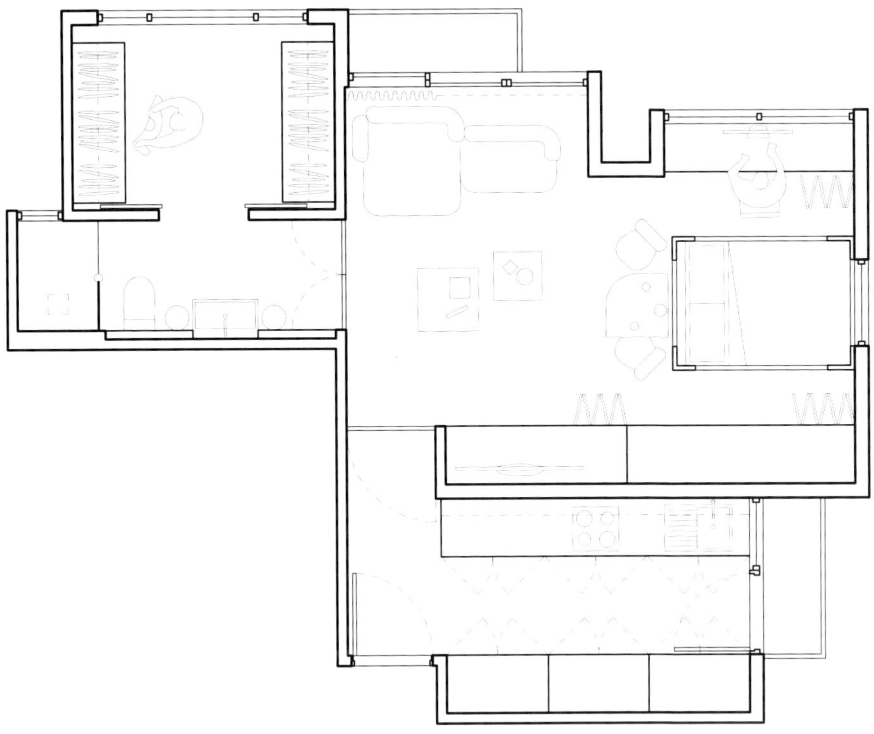

후


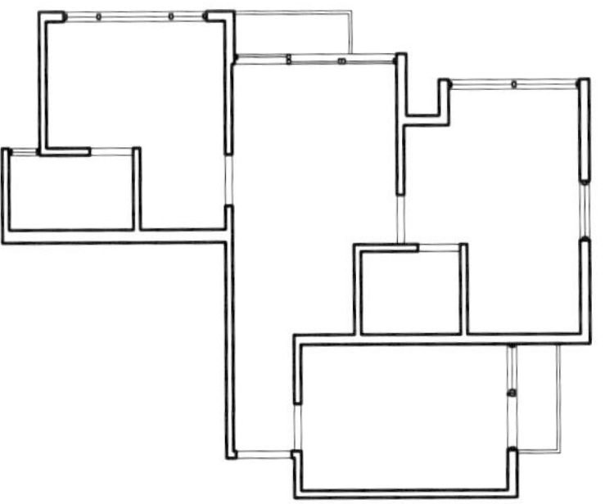

전

축척 1:100
1    2    3    4    5m

거실, 식사, 침실 구역은 모두 한 공간에 있고, 각 구역은 재치 있게 꾸민 맞춤 제작 가구로 구분된다. 침대는 큐브 속에 두었는데, 침실과 거실을 분리하는 큐브의 밝은색 벽은 넓은 거실에서 배경 기능을 한다. 양쪽에서 쉽게 오갈 수 있고 자연광도 풍부한 공간이다. 차우의 팀은 굉장히 아늑하고 다른 구역과 잘 연결되는 동시에 상당히 독립적이기도 한 공간으로 완성했다. 가구는 모두 이 집을 위해 고심하며 고르고 디자인한 것들이다. 조각 같은 손잡이가 달린 굴곡진 주방 문은 맞춤 제작했고, 식사할 때와 일할 때 모두 사용하는 바퀴 달린 의자는 치니 보에리Cini Boeri*의 보톨로Botolo 암체어다.

차우는 사비너 마르셀리스와 함께 단 하나 뿐인 조각 같은 레진 작품들을 디자인했는데, 캔디 색깔 커피 테이블, 부드럽게 빛나는 반투명한 소프 테이블Soap Table이 포함된다. 캔디 큐브 레지던스의 조명은 돈 라이팅Dawn Lighting인데, 빛이 오렌지색에서 녹색으로 천천히 변하며 이 집의 장난스러운 분위기를 더욱 끌어올린다.

맞춤 제작 가구, 숨은 디테일, 과감한 색상으로 완성한 캔디 큐브 레지던스는 예술 작품이다. 차우는 "갤러리같이 느껴지는 미래적 공간"이라고 말한다.



* 이탈리아 건축가 겸 디자이너.

거실이 달콤한 디저트 같다면 삭막하고 금속 질감인
주방은 디저트를 담는 스푼 같다.

거실이 달콤한 디저트 같다면 삭막하고 금속 질감인
주방은 디저트를 담는 스푼 같다.

왼쪽
욕실을 만들 때 '우주선에 들어가고
있다는 느낌을 주는 공간'이라는
콘셉트를 떠올렸다고 한다.

위
주방이 좁다는 단점은 긴 구조와
넉넉한 조리대 덕분에 상쇄된다. 금속
마감재가 빛을 반사하기 때문에 더
넓게 느껴지는 효과도 있다.

# 카사 잘라

## Casa Gialla

47m² / 14.2평
곤 아키텍츠gon architects
스페인 마드리드 솔

곤 아키텍츠의 곤살로 파르도Gonzalo Pardo 팀이 적은 예산으로 침실 하나짜리 아파트를 리노베이션할 때, 가장 중요시한 것은 형태와 기능이었다. 마드리드에서 가장 붐비는 광장 중 하나인 라 푸에르타 델 솔에 있다. 집주인은 파트너와 지내기에 충분히 넓고 스타일리시한 공간 그리고 기능적이면서 영리한 수납공간이 마련된 공간을 원했다. 1960년대 이탈리아 아파트의 과감한 색상과 기하학적 형태에 영감을 받은 카사 잘라(노란 집)는 세 가지 원칙에 따라 변신했다. 철거하고 뚫고 세운다.

"통일감을 만들기 위해 침실과 거실, 주방, 다이닝룸 사이에 있던 내력벽을 제거했다. 자연광을 최대한 많이 들이기 위해 지붕을 뚫고 천장을 냈다." 파르도의 설명이다. 벽면을 따라 천장 높이의 밝은 노란색 수납 시스템을 설치했다. 거실, 주방, 사무 및 다용도 공간의 수납공간을 최대화하기 위해서였다.

47제곱미터(14.2평) 아파트 전체를 관통하는 독특한 벽 디자인은 침실을 나머지 영역으로부터 숨길 수도 터놓을 수도 있는 선택지를 준다. 커튼을 치면 다른 생활 공간과 완벽하게 분리되어 침실을 손님이 방문했거나 유독 아늑함을 느끼고 싶을 때 유용하다. 프로젝터는 수납 구역에 설치해서 거실 영역이나 침실을 향해 쏠 수 있다.

아파트의 중심 공간은 널찍하고 긴 사각형 구조다. 파티를 열거나 친구들과 놀든 영화를 보거나 조용한 밤을 보내든, 다양한 이벤트와 상황에 알맞게 다기능 벽을 활용할 수 있다. 맞춤형 수납장에는 테이블, 세탁기, 심지어 친구들이 자고 갈 때를 대비한 머피 베드까지 갖춰졌다.

실내와 실외 공간이 자연스럽게 이어지도록 폴딩 도어 쪽부터 테라스와 실외 샤워 시설 및 욕조가 설치된 곳까지 큰 타일을 깔았다.

예산의 한계가 있긴 했지만 이 아파트는 기능적이고 시각적으로도 완성도 높은 공간이다. 팀은 침실의 옷장 같은 곳은 이케아 수납 가구를 써서 비용을 아끼고, 천장 높이의 노란 수납장에 가구 예산을 몰아주기로 했다. 이렇게 디자인에 집중한 결과, 밝고 유혹적이면서 스타일리시한 매력이 구석구석에서 드러나는 집이 만들어졌다.

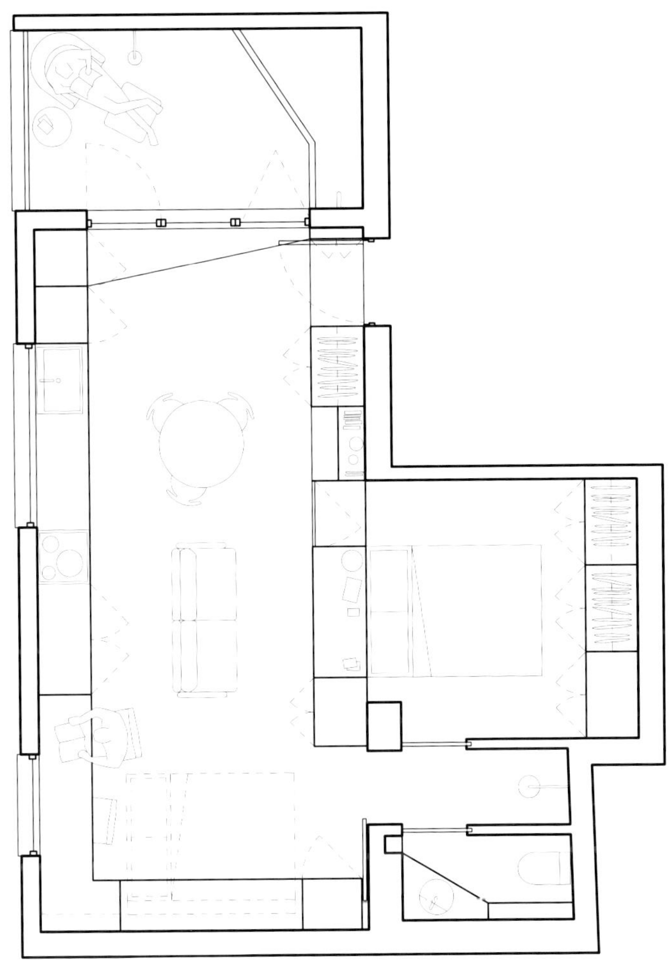


후


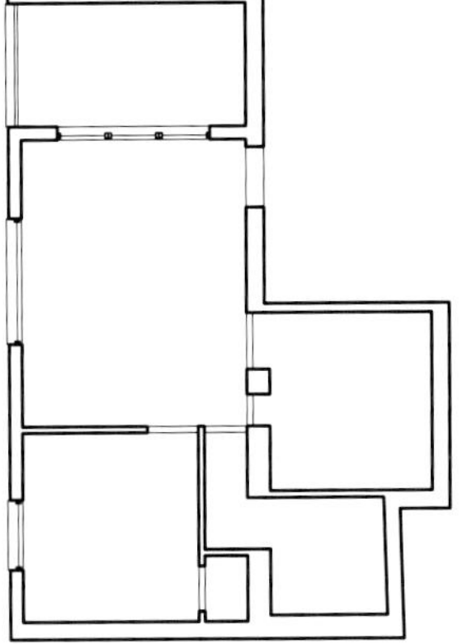


전



축척 1:100
1    2    3    4    5m

카사 잘라는 세 가지 원칙에 따라 변신했다.
철거하고 뚫고 세운다.

**왼쪽**
실내부터 계단 위까지 회색 타일을
쭉 깔아서 실내와 실외를 하나로
연결했다.

**오른쪽 위**
침실에서는 주된 색상이 노란색이
갑자기 흰색으로 바뀌면서 보다
차분하고 평화로운 공간을
만들어낸다.

**오른쪽 아래**
침실의 프라이버시를 위해 커튼을 칠
수 있다.

위
실내 구역들을 어떻게 활용할지 정할
때 기울어진 천장도 염두에 두었다.

**위**
주방 아일랜드를 쓰지 않을 때는
맞춤형 가구 안으로 밀어넣어 바닥
면적을 확보할 수 있다.

**아래**
주방이 작긴 하지만, 아일랜드는
이동이 가능해서 언제나 요리를
준비할 공간은 있다.

**위**

소파를 방 가운데로 끌고 오면
프로젝터 스크린을 볼 수 있다.

**아래**

손님이 와서 머피 베드를 내리면
벽 안의 선반이 드러난다.

# 맥시멀리스트 미니 로프트

## Maximalist Mini Loft

57m² / 17.2평
지바 스튜디오Zyva Studio
프랑스 파리 바뇰레

"나는 공간과 가구를 〈토이 스토리〉의 앤디가 방에서 나가기만 하면 살아나는 장난감처럼 생각하는 걸 좋아한다. 내 건축적 서사 속 배우들로 본다." 건축가이자 디자이너인 앙토니 오티에Anthony Authié의 말이다.

오티에는 어렸을 때 즐겼던 닌텐도 게임, 애니메이션, 레고에서 영감을 얻어 재미와 색상이 지배하는 '새로운 하이브리드 건축 형식'을 발명했다.

그와 아내가 반려견 한 마리와 살고 있는 57제곱미터(17.2평) 아파트에 대해 그는 "우리의 정체성을 반영하면서 완전하고 독특한 미학을 만들고 싶었다"라고 말한다. 그의 말대로 여기는 정말 독특한 곳이다.

"

파리 동쪽의 교외 바뇰레에 위치한 이곳은 원래 1980년대에 목재 바닥재를 만들던 회사가 사용하다가 2000년대 초반에 주거 공간으로 바뀌었다. 벽은 온통 흰색에 나뭇바닥이던 이 집이 지금의 모습이 되는 데 구조는 놀랄 만큼 적게 변했다. 주방을 확장했고 계단을 개조해서 공간을 탁 트이게 했고 욕실의 작은 벽을 철거해서 수납장을 넣은 정도이다.

이 집은 입구부터 재미있다. L자형 복도 벽은 밝은 노란색이고 바닥은 회색 테라조로 마감했다. 복도에서 노란 문을 열자마자 욕실이 나온다. 욕실 바닥과 벽 역시 회색 테라조다. 널찍한 공간, 오픈 샤워 구조, 큰 녹색 수납장이 욕실 전체에 '워크인 옷장' 같은 느낌을 준다. 이곳에서 샤워하고 옷을 갈아입고 빨래도 할 수 있다. 별도의 화장실 역시 이와 같은 미적 감각을 공유한다.

색상과 질감의 테마는 거실 및 다이닝 공간, 주방이 포함된 메인 공간에서도 이어진다. 여기는 기본적으로 천장이 4.2미터 높이라서 큰 회색 상자처럼 보인다. 1980년대 게임과 팝 컬처를 반영한 장난스러운 디자인이 가득하다. 커피 테이블 다리, 집안 곳곳의 문손잡이와 조명 부품들은 〈슈퍼 마리오 브라더스〉의 게임 캐릭터 '쿠파 트루파(엉금엉금)'의 등딱지를 본따 삐쭉삐쭉한 모양으로 만들었다. 모두 오티에의 스튜디오에서 3D로 출력한 것이다.

빨간 가죽 소파 위에는 작품과 책을 전시하는 역할인 금속제 선반을 설치했다. "만화 시리즈 〈배트맨〉의 '미스터 프리즈'에게 영감을 받았고 금속으로만 된 주방을 만들면 재미있을 것 같았다." 오티에가 주방의 금속제 문과 회색 화강암 조리대에 대해 한 말이다. "난 주방이 실험을 진행하고 결과물을 보존하는 엄격한 과학 실험실이라고 생각하곤 한다."

식탁은 주방 조리대와 같은 화강암으로 만들었고, 오티에는 과감하고 원색인 OHM 스튜디오OHM Studio 스툴을 골랐다. 〈슈퍼 마리오 브라더스〉에 나오는 파이프 터널을 떠올리게 했기 때문이었다.

계단 위로 올라가면 침실이 있는데, 바깥 커튼을 치면 아래층에선 커다란 노란 상자로 보인다. 침실 안에선 빨간색과 오렌지색의 불꽃무늬 커튼이 보이는데 이는 오티에가 디자인하고 프린트한 것이다. 약간 불안한 마음도 들게 하지만 밝은 노란색 벽과 유머러스한 대조를 이룬다. 침대 양옆의 조명은 파리 지하철의 형광등을 참고했다.

작은 공간을 디자인할 때 오티에의 철학은 '마치 타임머신에 들어가 탐사해본 적이 없는 세계를 여행할 때처럼 정말로 독특한 경험을 만들기'이다. 오티에는 자기 집에서 바로 그것을 구현해냈다.



198쪽

집 전체에 걸쳐 사용한 회색 테라조에 대해 오티에는 "나는 늘 노래처럼 리듬을 만들려고 한다. 회색 테라조는 여러 변주를 가능하게 해준다. 테라조의 반복적인 패턴 덕분에 나는 노이즈를 만들고 침실과 욕실에 노란색과 초록색으로 대조를 이룰 수 있다"라고 말한다.

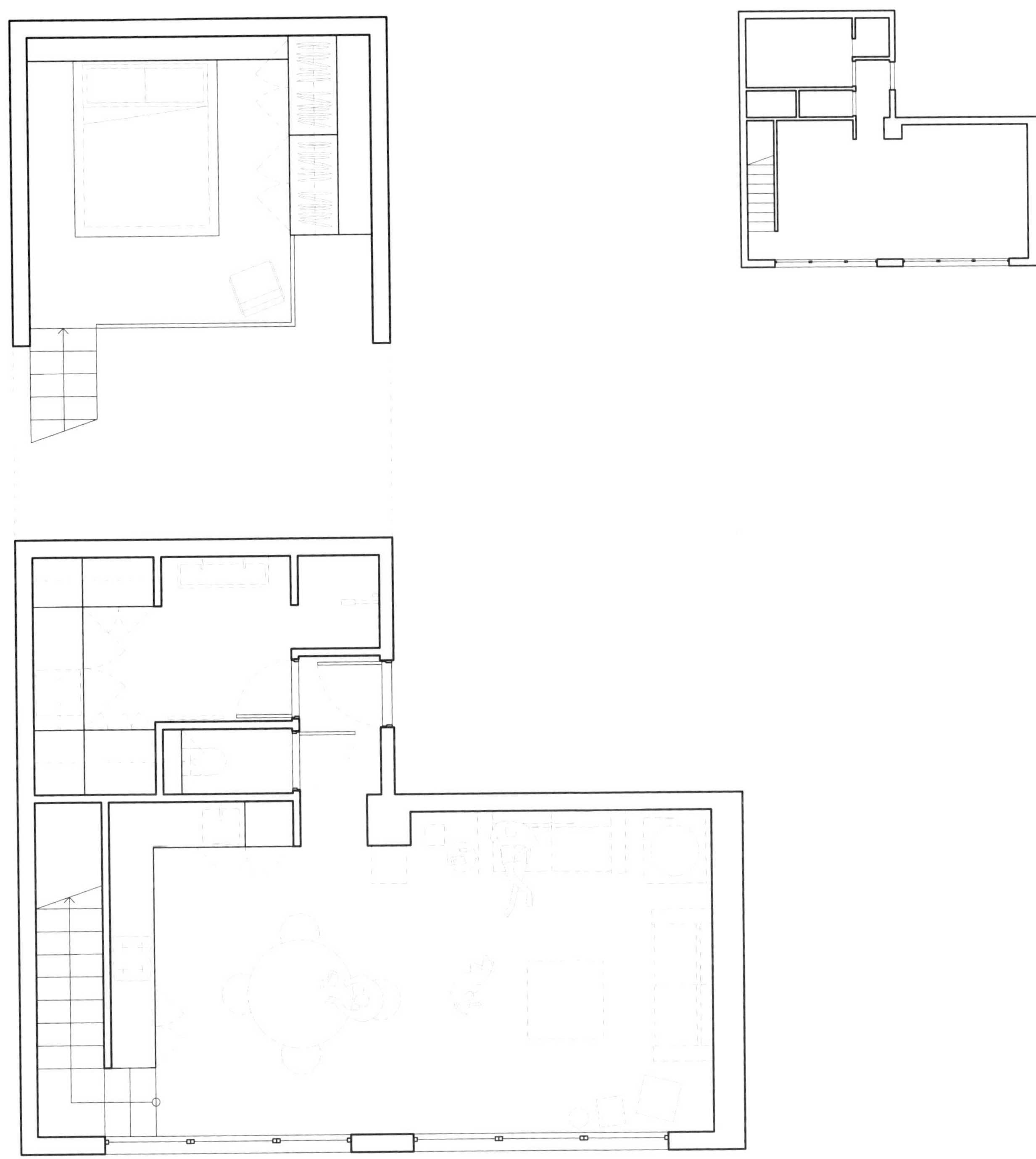

후
전
후
축척 1:100
1   2   3   4   5m

**왼쪽**

오티에는 거실에 아티스트 알릭스
코코Alix Coco의 JOJO 스툴을
놓기로 했다. 문어를 떠올리게 하기
때문이었다. 코코가 만든 공룡도 몇
마리 있다.

오티에는 어렸을 때 즐겼던 닌텐도 게임,
애니메이션, 레고에서 영감을 얻었다.

**위**
레진으로 만든 세면대를 바닥에서
띄워 설치했고 위에는 큰 거울이 있다.

**오른쪽**
오티에가 침실의 불꽃 커튼을
디자인하고 제작했다.

**207쪽**
침대 아랫부분은 노란 암막 커튼과
같은 재질이다. 오른쪽 벽에는 옷을
넣어두는 공간을 마련했다.

# EG112 단순한 주택

**EG112 simple dwelling**

↗ 34m² / 10.3평
하코보 발렌티Jacobo Valentí
⊙ 스페인 바르셀로나 에이샴플레

에이샴플레는 바르셀로나의 중심부에 있는 붐비는 동네다. 카탈루냐어로 에이샴플레는 '더 넓게 만든다'는 의미인데, 19세기 바르셀로나에 실제로 일어난 일이 바로 그것이었다. 에이샴플레 계획을 도입해서 역사적 도심과 교외를 연결했고, 바르셀로나의 규모는 열 배로 불어났다. 바둑판 모양의 도시를 만들며 모든 구역에 녹지를 넣는 것도 계획의 일환이었다. 평온하고 건강한 환경을 조성하기 위함이었다.

당시 바르셀로나는 문화가 꽃피는 부유하고 현대적인 도시였다. 재력이 있는 가문들은 모더니즘 스타일로 집을 짓기 위해 에이샴플레의 제일 좋은 부지를 사려고 경쟁을 벌였고, 그중 가장 유명한 건축가가 가우디였다. 이 특별한 동네에 위치한 모더니즘 건축물의 세 가지 예를 들자면 사그라다 파밀리아, 페드레라, 카사 바트요가 될 것이다.

이 모든 것을 고려했을 때, 자기가 살고 싶은 작고 리노베이션하기 쉬운 곳을 찾던 건축가 하코보 발렌티가 가장 끌린 점은 이 집의 위치였다. 특히 자연광이 들어오고 경치가 멋진 꼭대기 층이라는 게 마음에 들었다. 34제곱미터(10.3평)인 이 집을 보자마자 그는 사랑에 빠졌다. 평면 구성을 최대한 활용하려면 벽을 제거하고 레이아웃을 바꿔야 했지만, 그는 이곳의 잠재력을 알아차렸다.

발렌티는 다양한 것에서 영감을 얻었지만, 샤를로트 페리앙의 인테리어에서 크게 영향을 받았다. 특히 마르세유의 '위니테 다비타시옹La unite d'habitation'과 르 코르뷔지에Le Corbusier●의 '카바농Le cabanon'의 자재와 색감이 그랬다. 그는 미드 센추리 가구의 팬이기도 한데, 르 코르뷔지에의 건물에 있던 샤를로트 페리앙의 주방 수납장을 주방의 중심 요소로 삼았다. 특별한 하나의 가구를 위한 완벽한 공간을 만드는 도전을 시도했다.

발렌티는 2019년에 리노베이션을 시작했지만 코로나19 때문에 계획이 중단되었다. 봉쇄 기간 동안 그와 목수 친구 J. 돔은 모든 디테일에 신경 써가며 매일 작업했다. 리노베이션 결과는 원래 계획과는 상당히 달랐다. 평면 구성을 수정하고, 잘못 만든 천장과 가짜 문을 없앴다. 그리고 이전까지는 사용하지 않던 1제곱미터(0.3평) 공간을 개방해서 자연광이 좀 더 들어오게 했다. 너무 컸던 욕실과 불필요한 복도를 없애자 어두웠던 구역들도 밝아졌다. 욕실은 두 섹션으로 나누어, 한쪽에는 화장실을 두고 테라스 옆의 틈새 공간에는 샤워실을 마련했다.

발렌티의 비전은 실내 공간에서 그치지 않았다. 그는 실외 공간을 더 원했기 때문에 3제곱미터(0.9평) 정도의 실내 공간을 테라스로 연장했다. 테라스는 이 집에서 그가 가장 아끼는 공간이다. "지중해 도시에서는 테라스가 필수다. 내가 제일 많이 사용하는 공간이 되었고, 여름에는 대부분 여기서 식사하기 때문에 정말 좋은 결정이었다." 발렌티가 말했다.

집은 전체적으로 놀랍도록 훌륭하지만 발렌티에 따르면 리노베이션 비용은 가구 가격보다 낮았다고 한다. "이런 작은 프로젝트는 최고의 자재와 방법에 투자할 기회를 준다. 필요한 자재의 양이 제한적이기 때문에 가격을 신경 쓸 필요가 없다."

● 스위스 건축가.


여러 톤의 목재와 군데군데 넣은 초록색이 집에 다채로운 숲속에 있는 듯한 느낌을 준다.

**아래**
욕실은 바르셀로나처럼 색감이 화려하다.

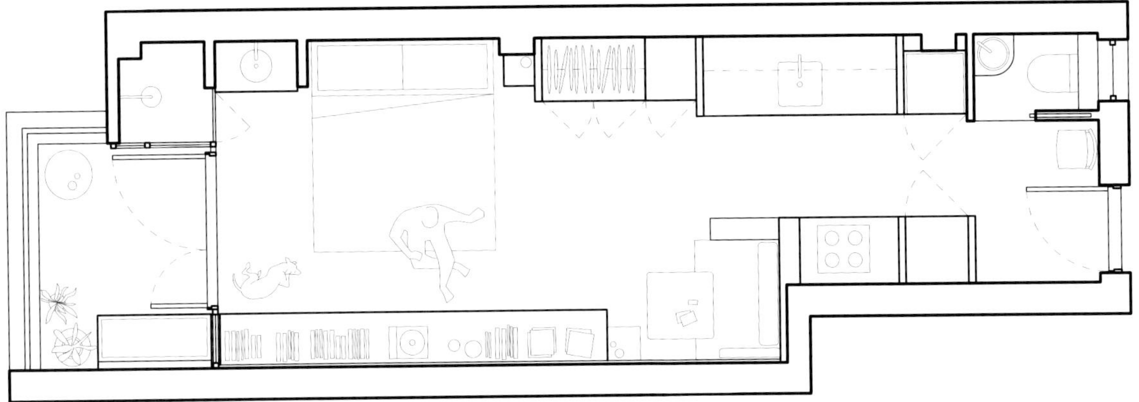



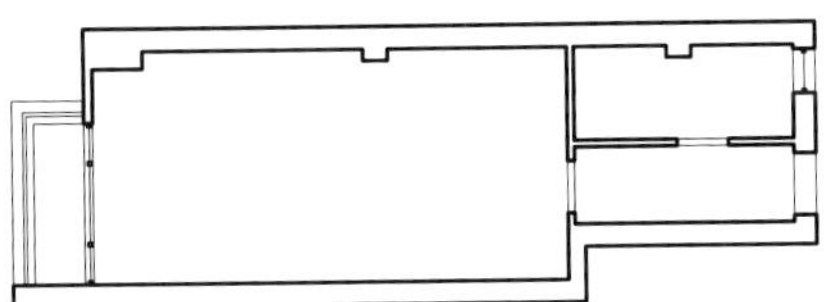

축척 1:100  1  2  3  4  5m

**왼쪽**
발렌티가 가장 아끼는 물건 중 하나는
샤를로트 페리앙의 주방 수납장이다.

작은 프로젝트는 최고의 자재와 방법에
투자할 기회를 준다.

**왼쪽**
구역마다 다른 색을 썼다. 침실 겨자색
타일은 구석의 욕실을 의미한다.

**위**
겨자색 타일은 바르셀로나의 햇살이
쏟아지는 테라스로 이어진다.

# 5

작은 집 살이에서 지속 가능성은 나중에 고민해야 할 주제가 아니다. 디자인 프로세스의 일부분이다. 이 섹션에선 창의성, 효율성, 의식적인 의사 결정이 조화롭게 어우러진 프로젝트를 보여준다. 자재, 에너지 사용, 전반적인 자원 활용의 환경적 영향을 고려하는 종합적인 접근을 포함한다. 초기 건설 단계에서 집 완성 단계에 이르기까지, 지속 가능성은 가장 중요한 조건이다. 패시브 냉난방 시스템 등 혁신적 설계 전략은 에너지 효율성을 최대화하며 전통적 냉난방 시스템에 대한 의존을 줄인다. 재활용한 목재 등 환경친화적 소재의 사용은 폐기물을 줄일 뿐 아니라 집에 개성과 특별함을 더해준다.

빌로바. 아르시가 파리 중심부에 디자인한 주르댕은 프랑스 소나무 합판 등을 활용해 비용 절약과 지속 가능성을 동시에 고려했다.

이 환경친화적인 소재로 만든 빌트인 가구와 로프트 침실은 기능성이 뛰어나고 우아한 방법일 뿐만 아니라 탄소 발자국을 줄이는 데도 기여했다. 집주인이자 건축가인 마티외 토레스의 집은 버려지거나 중고인 가구를 써서 지속 가능성을 적극적으로 반영했다. 자신과 파트너의 집안에서 몇 세대에 걸쳐 물려내려온 물건들에 새 생명을 주기도 했다.

애덤 수터가 직접 지은 페퍼 트리 패시브 하우스도 자연과 지속 가능성이 어우러진, 지속 가능한 방식의 좋은 예다. 장대한 페퍼 트리를 없애는 대신, 나무 주위에 세심하게 작은 집을 지어 호주 뉴사우스웨일스주 남부 유낸데라의 아름다운 자연환경을 보존했다. 수터와 건축가 알렉산더 사임스에게는 페퍼 트리 패시브 하우스를 패시브 디자인 원칙을 준수하며 짓는 것이 가장 중요했다. 에너지 소비를 최소화하기

# 지속 가능한 해법

위해 패시브 냉난방과 자연광을 활용했다.
창문을 전략적으로 배치하고 효율적인 단열
처리를 적용해, 이 집은 에너지 집약적 시스템에
의존하지 않으면서도 1년 내내 쾌적함을
유지한다.

암스테르담의 물가에 있는 스헤입스는
업사이클링과 DIY 원칙을 통해 지속 가능성을
고려한 설득력 있는 사례다. 버려진 소재들을
영리하고 창의적으로 활용한다면 매력적이고
지속 가능한 공간으로 만들 수 있다는 걸
보여준다. 중고 가구와 부품들을 활용한 집주인
파딤메 괴카야와 쿤 프라에이만은 쓰레기
매립지로 가버렸을지도 모를 물건들에 새 생명을
불어넣었다. 이런 접근은 쓰레기를 줄이고
특별하고 색다른 집으로 만들어준다. 스헤입스는
일상 안에 숨어 있는 가능성을 드러내는
증거이며, 새로운 발상을 통해 우리가 사는

공간을 다시 생각하도록 영감을 불어넣는다.

이 섹션을 살펴보며 지속 가능한 방식을 염두에
두고 디자인하는 것은, 지구를 위한 책임
있는 선택일 뿐 아니라 환경과 우리의 연결을
우선시하는 보다 단순하고 의도적인 삶의
방식임을 생각해주길 바란다.

# 코시모 피오바스코를
# 위한 집

**House for Cosimo Piovasco**•

↗ 45m² / 13.6평
⊙ 마리아나 데 델라스Mariana de Delás
◉ 스페인 마드리드 라스트로

고혹적인 마드리드 라스트로에 위치한 마리아나 데 델라스의 아파트는 창의성과 혁신의 상징이다. 이곳은 세월이 흘러도 변하지 않는 동네다. 이웃들이 느긋하게 거리에 모여 어울리며 이런 강한 공동체 정신이 데 델라스의 마음속에 특별한 자리를 차지하고 있다.

1940년대에 건축된 이 건물은 처음에는 마드리드 출신이 아닌 노동자들을 위한 거주 공간으로 설계되었다. 데 델라스의 비전이 이곳에 새로운 생명을 불어넣었다. 집 구석구석에서 기능성과 모험심이 어우러지는 경이로운 집으로 탈바꿈시켰다. 이 집은 마드리드에서 가장 작고 가장 매혹적인 집이라 해도 과언이 아니다.

• 이탈로 칼비노의 소설 《나무 위의 남작》에 등장하는 주인공 이름.

데 델라스는 이탈로 칼비노의 소설《나무 위의 남작The Baron in the Trees》에서 영감을 받아 나무 위의 집 같은 아파트를 상상했다. 위로 자라는 듯하면서 장난스러운 감각을 담은 공간을 만들고 싶었다. 이 집을 만들 때 그는 자기 내면을 들여다보며 자신의 집을 '행복한 곳'으로 만들기 위해 무엇이 필요한지 살펴야 했다.

"작은 공간에서 살겠다고 결심하면 자신을 알기가 더 쉬워진다. 큰 공간에서는 누구나 살 수 있지만 작은 공간에서는 우선순위를 정해야 한다. 누군가는 숨겨진 수납공간을, 누군가는 간소한 라이프스타일을, 또 다른 누군가는 넓은 주방을 우선시한다. 내게 있어서는 내가 정말 갖고 싶은 게 무엇인지, 없어도 되는 것이 무엇인지를 알 수 있는 좋은 기회였다."

이 집은 원래는 낮은 가짜 석고 천장이 있었고 비좁은 구조였다. 원래 29제곱미터(8.8평)였지만, 3×3 강관 구조의 계단에서 이어지는 금속제 통로 덕분에 15제곱미터(4.5평)를 더 확보했다. 통로엔 추가 수납공간, 메인 공간이 내려다보이는 여분의 책상을 마련했다. 통로가 생겨 욕실과 현관 복도 위쪽에 침실도 둘 수 있었다. 개방성과 기능성 사이의 균형을 이룰 수 있게 해준 요소들이었다. 통로가 높아서 주변 건물의 지붕을 볼 수 있는 것도 장점이 되었다.

현관 바로 앞에 나무 패널 뒤에 숨겨진 욕실은 놀라움의 요소를 더한다. 붉은 톤의 합판으로 마감해 질감을 살린 복도는 분위기에 중심을 잡아준다. 이는 나뭇가지에 대한 오마주인 통로의 녹색 금속과 어우러져 금속의 차가운 느낌을 부드럽게 해주고 숲속에 머무르는 것 같은 느낌을 만든다.

거실은 탁 트인 공간으로, 접을 수 있는 철제 소파를 두었고 맞춤 제작한 계단이 매달려 있다. 계단은 수납공간으로도 쓴다. 카탈루냐의 디자이너 미겔 밀라Miguel Milá가 만든 TMC 플로어 램프가 공간을 밝히며 엄선한 러그, 식물, 예술 작품이 아늑함을 더한다.

주방과 다이닝 공간에는 전통적인 레인지 대신 이동이 가능한 전기 레인지를 비치해서 조리대를 깔끔하게 유지했다. 벽에는 현지 아티스트들의 작품을 걸어두었다. 이 역시 지역 공동체를 존중하고 있음을 보여준다.

**218쪽**
천장이 높아 위로 확장할 여지가 충분했다.

**오른쪽**
메자닌을 설치해 바닥 면적을 두 배로 넓혀 업무 및 수면 구역을 생활과 식사 구역과 분리했다.

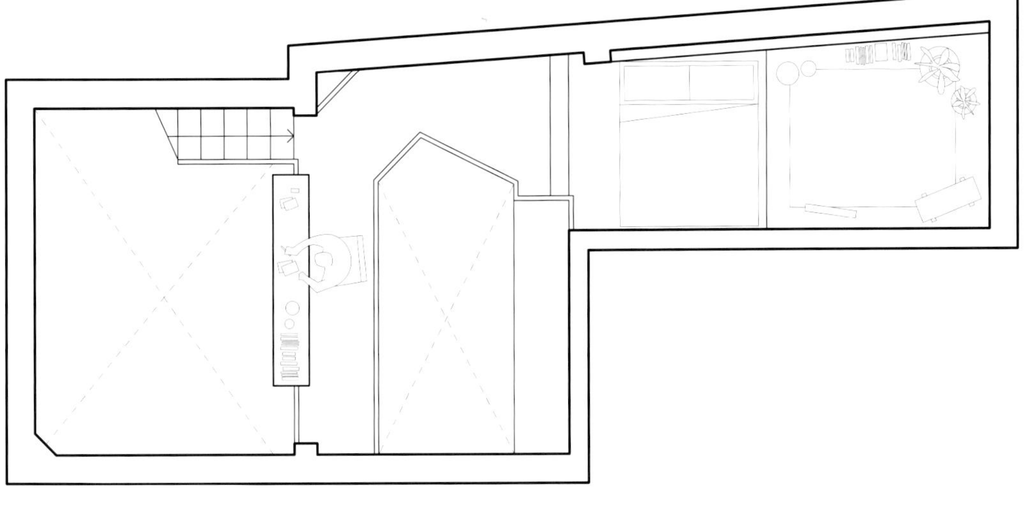



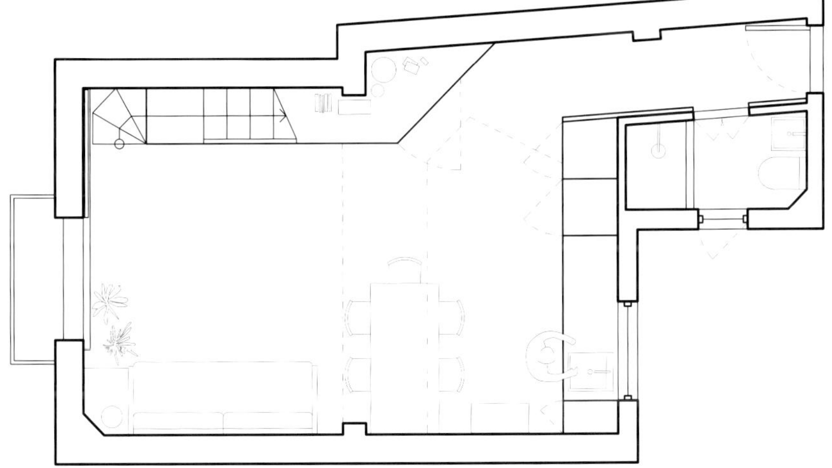

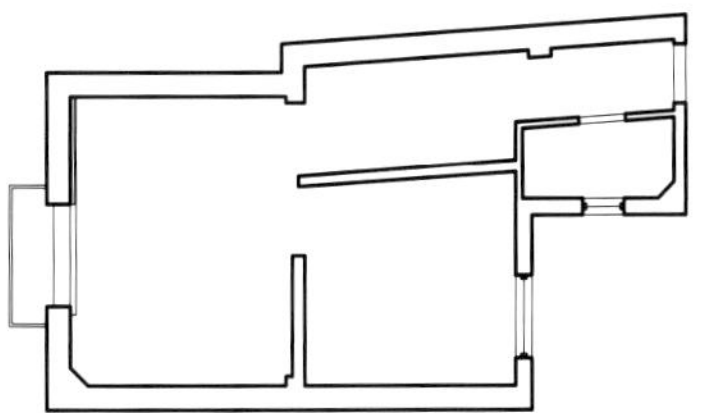



코시모 피오바스코를 위한 집

통로로 만들어진 메자닌에 만든 침실은 숲속에서 쉬는 듯한 평온함을 일으킬 수 있도록 설계했고 달과 별을 볼 수 있는 천창도 내었다. 침대 옆의 여유 공간에는 예술 작품과 베개를 두었고, 아래에는 수납공간이 숨어 있다. 초록색과 흰색 타일을 붙인 욕실은 나뭇잎이 구름을 만나는 듯한 공간이며, 독특한 목재 창문 시스템을 사용해 개성과 실험적인 성격을 더했다.

이 아파트에서 가장 높은 곳인 통로는 다양한 용도로 사용할 수 있는 보너스 공간이다. "난간에 빨래를 널기도 하고, 테이블에서 공부를 하기도 한다. 오렌지색 플렉시글라스로 제작한 테이블은 아주 따뜻한 조명 역할도 하고 밤에 굉장히 아늑한 환경을 만들어준다." 데 델라스의 말이다.

집 내부는 편히 쉴 곳으로 꾸몄지만, 데 델라스가 이 동네에 대해 한 말은 왜 작은 집이 트렌디한 곳에 많은지를 잘 설명해준다. 젊은 싱글과 커플이 살고 싶어하는 동네의 넓은 집들은 경제적으로 감당할 수 없지만, 이런 작은 아파트에 살면 많은 지역을 쉽게 다닐 수 있게 된다. 데 델라스와 같은 디자이너는 이런 작은 집을 매력적으로 만드는 일을 훌륭히 해내고 있다.

목재와 흰색 벽돌 벽을 짙은 녹색과
식물이 따뜻한 분위기로 만들어준다.

**위**
기울어진 지붕 아래에는 침대에 앉아
있을 수 있는 정도의 공간이 있다.

**오른쪽**
녹색과 목재 테마는 화장실에서도
이어진다.

이 집은 마드리드에서 가장 작고
가장 매혹적인 집이라 해도 과언이 아니다.

# 주르댕

**Jourdain**

↗ 24m² / 7.3평
👤 빌로바. 아르시BILOBA.archi
📍 프랑스 파리 주르댕

이 집이 생긴 이야기는 마치 건축계의 동화 같다. 젊은 커플이 다 허물어져가는 어두운 아파트를 구해서 자연광이 가득한 집으로 변신시켰다. 세심하게 고른 물건들과 양가에서 전해져 내려온 추억이 잔뜩 깃든 소품들로 집을 채웠다.

파리 20구의 작고 평범한 건물에 위치한 주르댕은 집주인이자 건축가인 마티외 토레스Matthieu Torres와 파트너의 수수한 작품이다. "우리의 목표는 이 아파트를 최대한 지속 가능하고 경제적으로 만드는 것이었다"라고 토레스는 설명한다. 리노베이션은 대부분 이들이 직접했다. "비용을 절약하고 디테일을 세심하게 챙기며, [우리의] 건축 기술을 키우기 위해서"였다고 한다.

토레스는 일단 작은 방 세 개, 낮아서 활용하기 힘든 천장 등 내부를 다 뜯어냈다. 손상된 천장 보드 위에는 작은 메자닌을 더할 만한 공간이 있어서 24제곱미터(7.3평)의 공간은 31제곱미터(9.4평)로 늘어났다. 원래 욕실이나 화장실이 없었기 때문에, 욕실을 추가할 때 드는 비용도 예산에 감안해야 했다.

현관은 밝고 바람이 잘 통하며 천장 높이는 다른 구역에 비해 두 배다. 실내를 최대한 밝게 하기 위해 천창을 세 개 냈다. 건물에 원래 있었던 나무는 소박한 느낌을 더하는데, 토레스는 이 보를 '아파트의 뼈대'라고 한다.

커플이 원하는 미학과 예산을 고려해, 맞춤 목제 가구는 대부분 내구성이 좋은 프랑스 소나무 합판으로 만들었다. '작은 가구 유닛'을 만든 덕분에 메자닌이 생겼고 욕실, 빌트인 책장, 워크인 옷장 그리고 가구 유닛 위의 침실 공간도 만들어졌다.

메자닌은 이동할 수 있는 사다리로 올라갈 수 있다. 메자닌 침실은 단순하면서도 따스한 곳이다. 천창은 '하늘 풍경을 볼 수 있는 작은 창문을 제공'하며, 합판 상자가 헤드보드이자 선반 역할을 한다.

**228쪽**
책과 음악을 사랑하는 커플이라 책장의 비중이 많도록 디자인했다. 1층과 메자닌의 높이까지 책장을 두었다.

**위**
사다리를 타고 메자닌 침실로 쉽게 올라갈 수 있다.

**아래**
맞춤 가구가 주요 디자인 요소였다. 이 커플은 '이 집의 핵심'이라고 부른다.

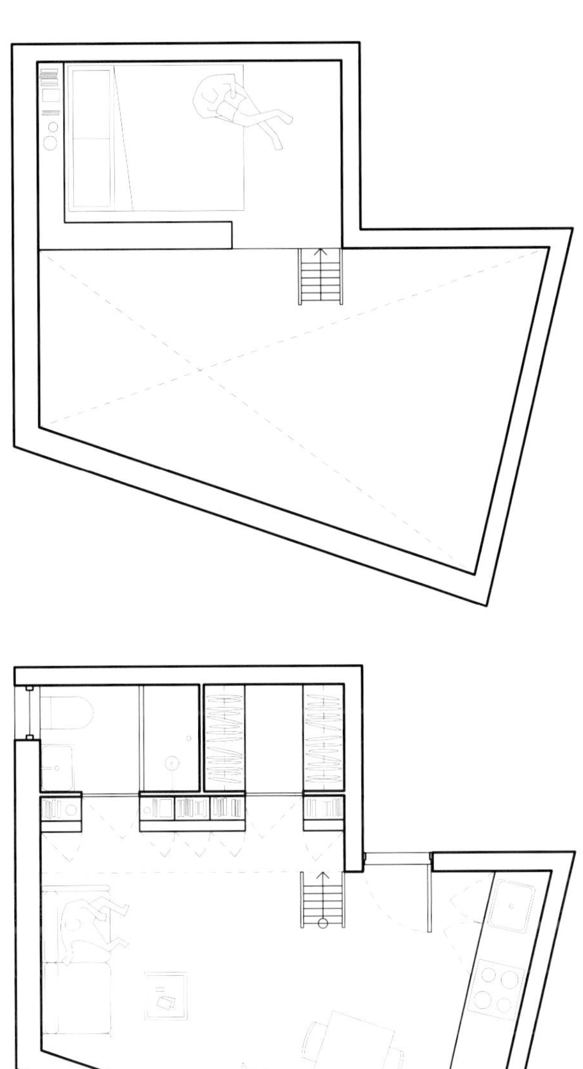

후

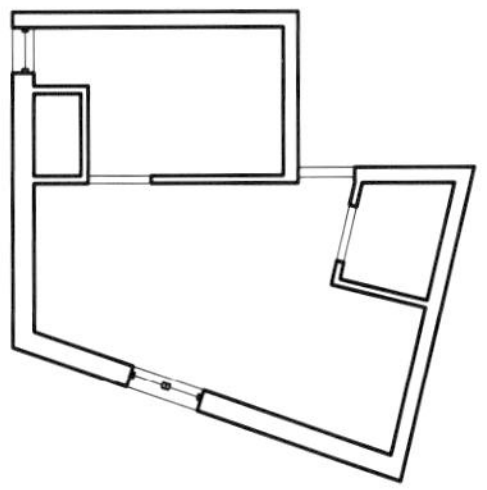

전



1    2    3    4    5m

사다리 아래에 설계한 욕실은 작은 창문 하나를 중심으로 디자인 했다. 더 넓어 보이도록 타일, 수도꼭지, 샤워헤드를 흰색으로 골랐 다. 흰 요소들은 빛을 반사해서 욕실의 주인공을 돋보이게 한다. 이 공간의 포인트는 반짝이는 금색 응급 담요로 만든 장난스러운 샤워 커튼이다.

욕실 옆에는 벤치와 수납공간을 갖춘 아담한 워크인 옷장을 마련했 다. 욕실과 옷장 모두 동네와 건물 공용 공간에서 발생하는 소음을 걸러내는 역할도 한다.

함께 요리하는 것을 즐기는 커플이라 주방이 이 아파트의 메인 공 간이 되었다. 레인지 후드용으로 '웃긴 장화 모양' 커버를 디자인했 고, 벽과 찬장이 어지러워지는 것을 막기 위해 조리대 아래에 충분 한 수납공간을 두었다.

"우리는 단순함, 불규칙함, 불완전함을 좋아한다. 우리 가구는 거의 다 우리가 물려받았거나 거리에서 발견한 간결하고 의미 있는 것들 이다." 토레스의 말이다. 이런 감정이 깃든 물건으로는 빌트인 맞춤 가구에 달린 문 손잡이가 있다. 토레스 조부모님 아파트에서 가져 왔다. 토레스 파트너의 할아버지가 쓰던 낡은 작업 테이블은 이제 그들의 식탁이다.

주르댕은 여러모로 딱 맞다는 인상을 준다. 아주 개성이 있으면서 다른 사람이 참고하여 따라하기 좋은 집의 가능성을 보여주며, 지 점에서 쉽게 이룰 수 있는 혁신의 귀감이다.

**오른쪽**
이 커플은 도예가 친구에게 주방
수납장 문 손잡이를 만들어
달라고 부탁했다. "그 디자이너의
작품을 매일 보고 만지니 기쁘다."
토레스의 말이다.

우리는 단순함, 불규칙함, 불완전함을
좋아한다.

# 페퍼 트리<br>패시브 하우스

## Pepper Tree Passive House

54㎡/16.3평

알렉산더 사임스 아키텍트 앤드 수터 빌트<br>Alexander Symes Architect & Souter Built

호주 울런공 유낸데라

페퍼 트리는 강인하고 회복력이 뛰어난 식물이며 밝은 빨간색 열매와 섬세한 나뭇잎 때문에 조경사들이 무척 좋아한다. 페퍼 트리 패시브 하우스는 60년 된 페퍼 트리 주위에 만들어진 집으로, 나무가 잘 자랄 수 있도록 지어졌다. 늘 변화하는 나무는 이 집의 특징이다.

지속 가능한 건축과 조화로운 디자인의 놀라운 예시인 페퍼 트리 패시브 하우스는 알렉산더 사임스Alexander Symes가 집주인이자 빌더인 애덤 수터Adam Souter와 함께 만들었다. 시드니에서 남쪽으로 한 시간 반 거리에 있는 유낸데라에 위치한 이 54제곱미터(16.3평)짜리 집은 국제 패시브 하우스의 다섯 가지 요소를 충족한다. 고성능 단열, 고성능 창호 시스템, 기밀성 확보, 열 회수 환기 시스템, 열교 차단이다. 이를 위해 지속 가능한 소재와 기술을 활용했다. 예를 들어 양면 태양전지판은 전기를 생산하면서 그늘을 제공하는 두 가지 역할을 한다.

경사진 곳이라 건설이 쉽지는 않았지만, 이 집은 주위 환경과 조화롭게 어울린다. 집으로 들어가는 길에는 붓고 남은 콘크리트로 제작한 징검돌을 깔았고, 곧이어 나오는 기존 건물과 새로 지은 건물 사이의 계단은 재활용한 목재로 만들었다. 이처럼 버려진 소재를 재활용하는 것은 이 집 전체를 관통하는 주요한 특징이다.

집 현관은 삼중 유리문으로 북쪽의 빛을 들어오게 할 뿐 아니라 집의 에너지 성능을 높인다. 여기로 들어가면 날개형 구조의 한 부분이 나오고 한쪽은 거실, 그 반대쪽은 주방이다. 거실 공간에는 맞춤 제작한 침대 겸 소파인 데이 베드를 두었는데 남은 바닥 재료를 활용해 만들었다. 데이 베드의 옆 부분은 편하게 이동할 수 있도록 사선으로 깎았다. 밤이면 데이 베드 밑의 슬라이딩 침대를 끌어내 두 번째 침실을 만들 수도 있다.

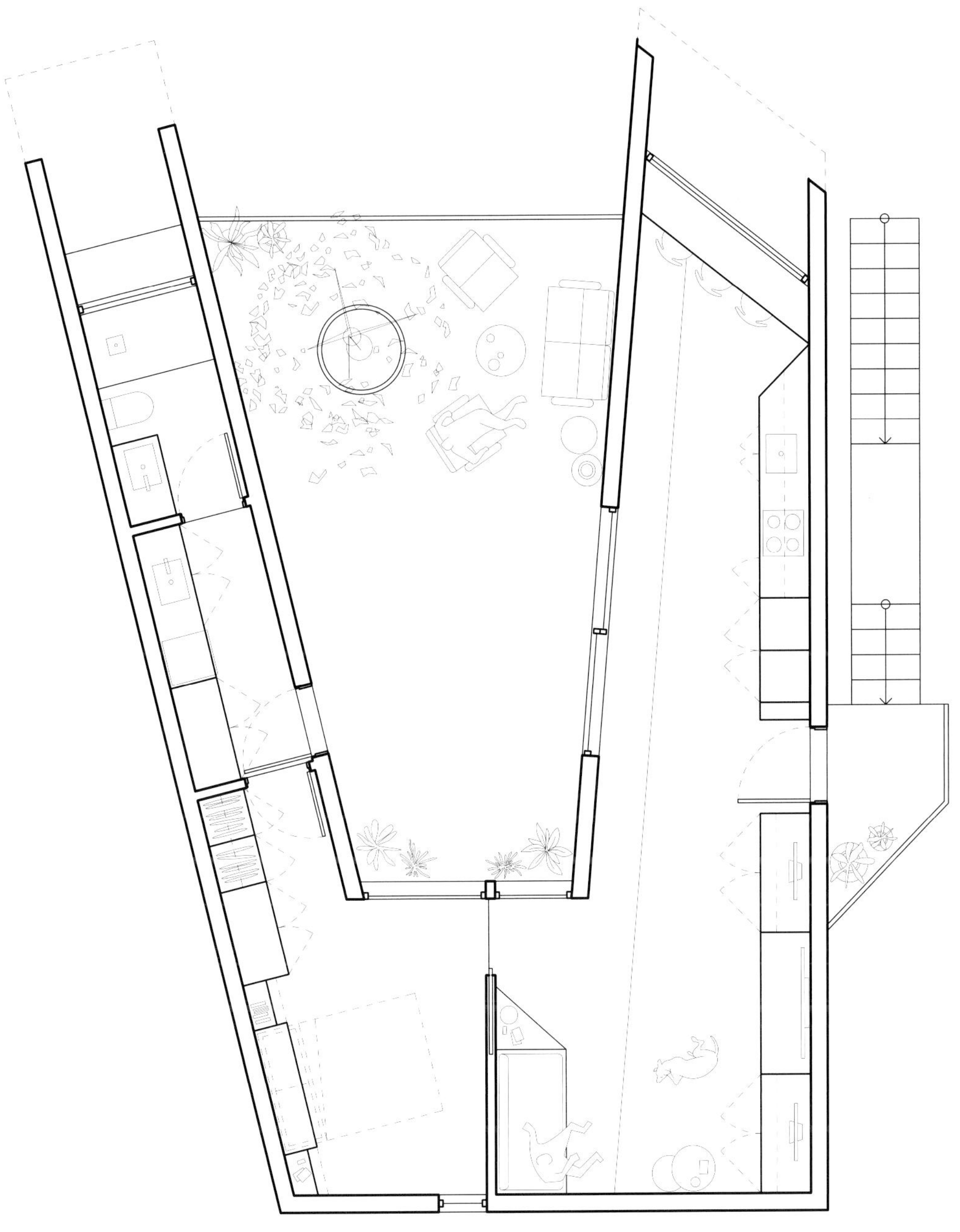


축척 1:100
1 2 3 4 5m

위
쪽 이어지는 나무 마감재와 넉넉한
창문을 통해 외부와 내부가 만난다.

241쪽 왼쪽
은은한 조명 덕에 세탁실 같은
기능적 공간조차 따뜻하고 안락하게
느껴진다.

241쪽 오른쪽
주방 선반 아래의 LED 조명이 콘빅트
브릭 벽면을 비춘다.

주방에는 큰 싱크대, 인덕션, 레인지후드, 빌트인 식기세척기, 전자레인지 겸용 오븐과 숨겨진 냉장고를 갖췄다. 밑에 LED 조명이 달린 플로팅 목제 선반은 조리대와 재활용한 콘빅트 브릭* 벽면에 빛을 비춘다. 전통적 식탁 대신 간단한 식사를 할 수 있는 바가 있는데, 다이닝 공간을 보다 효율적으로 활용하는 방식이다.

벽 속으로 감쪽같이 들어가는 맞춤 제작한 OSB 합판 슬라이딩 도어를 열면 침실이 나온다. 공간을 절약하기 위해 침대 옆 협탁은 맞춤 가구의 일부분인 플로팅 선반으로 제작했다. 옷장에는 옷을 넣는 수납공간도 마련했지만, 접이식 포켓도어 뒤에는 사무 공간도 있다. 수터는 이곳을 집이자 사무실로 사용해야 했기 때문에 낮에는 머피 베드를 올리고 그 침대 바닥면에 숨겨져 있던 접이식 책상을 펼쳐 쓴다.

미적으로 훌륭하고 기능적인 이 집은 환경에 미치는 영향을 줄이면서도 현대적 생활 기준을 충족한다. 페퍼 트리처럼 회복력이 뛰어나고 지속 가능한 집이다. 건물 외벽에는 탄화목의 일종으로 일본 전통 방식으로 만든 목재를 써서 방충 및 방화 효과도 높였다. 페퍼 트리 패시브 하우스는 주위 자연을 생각하며 자원을 적게 쓰고 보다 지혜롭고 효율적으로 사는 방법을 보여준다.

● 19세기 호주 재소자들이 만들던 벽돌.

페퍼 트리 패시브 하우스는 주위 자연을 생각하며
자원을 적게 쓰면서 보다 지혜롭고 효율적으로 사는
방법을 보여준다.

**왼쪽**
거울과 창문을 사용해 실내 조명에
쓰는 전기 사용량을 줄였다.

**아래**
침대 머리 방향의 움푹 들어간 부분이
아늑한 공간을 만들어준다.

**왼쪽**
잘 디자인된 작은 집은 소파 밑에서
끌어내는 슬라이딩 침대처럼 숨어
있는 데이 베드처럼 다목적 가구를
갖춘 경우가 많다.



**아래**
벽을 가득 채운 맞춤 가구엔 사무
공간과 작은 주방이 들어 있다.

# 스헤입스

**Scheeps**

45㎡/13.6평

파딤 괴카야 앤드 쿤 프라에이만
Fadime Gökkaya & Koen Fraijman

네덜란드 암스테르담 동쪽 항만 지구

스헤입스는 현대의 발명가이자 디자이너, 제작자인 쿤 프라에이만과 파트너 파딤 괴카야의 집이다. 이 집의 마법 대부분은 우연히 발견한 오브제를 예상치 못한 방법으로 재활용해서 이 공간만을 위한 가구로 완성하는 이 커플의 능력에서 비롯됐다. 이들은 놀라운 장소에서 찾아낸 크고 무거운 보물들을 수하물로 집까지 끌고 오는 걸 두려워하지 않는다.

이 집은 암스테르담의 동쪽 항만 지구 물가에 있다. "우리의 비전은 면적이나 자재가 아닌 집과의 '상호 작용'에서 만들어졌다." 프라에이만은 로프트에서 몇 년 살아보고 나서 어머니로부터 이 집을 구입했다.

이 커플은 직접 리노베이션했다. 높은 천장과 탁 트인 물가를 향한 큰 창문이 마음에 들었고 장난스러운 레이아웃에 이끌려 로프트에 구조적 변화는 거의 주지 않았다. 주방 아일랜드를 더했고 침대 위에 프레임을 만들고, 플로팅 데크를 새로 설치해서 테라스를 넓혔다. 그러나 데크는 실내에서 만들어야 했기 때문에 쉬운 일이 아니었다. 문 중앙의 기둥 때문에 일부 분리했다가 실외에서 다시 조립했다.

특이하게도 이 집 현관은 반층 단차를 둔 스플릿 레벨 구조로 설계되었다. 출입문으로 들어가면 각 층의 높이가 달라서 집 전체를 관통해서 바다까지 시선이 닿을 수 있도록 디자인해야 했다. 여기엔 복도 천장에 매달린 조명처럼 특이한 요소도 있다. 프라이만과 괴카야는 이스탄불의 버려진 공장에 이 조명을 찾아냈다. 수하물로 집까지 가져온 보물 중 하나다.

침실은 입구 바로 옆이다. 프라이만과 괴카야는 배관 위치를 찾아낸 뒤 세탁기와 세면대를 위한 수납장을 맞춤 제작했다. 고양이 속 Sok이 쓰는 화장실도 이 수납장에 빌트인으로 설치했다.



**246쪽**
고양이 속이 물가 플로팅 데크로 이어지는 큰 창문 앞에 느긋이 누워 있다.

**아래**
물가에서 본 아파트의 모습. 데크를 만드는 것은 쉽지 않았다. 문 중앙의 기둥 때문에 일부 분리한 다음 실외의 물 위에서 다시 조립해야 했다.

후

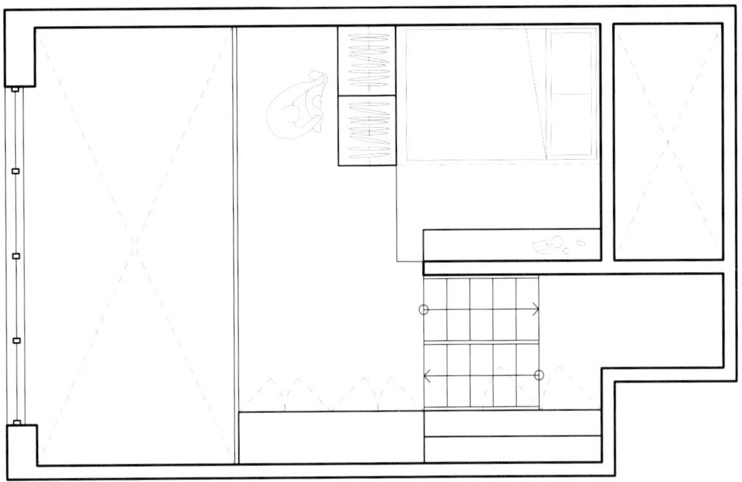

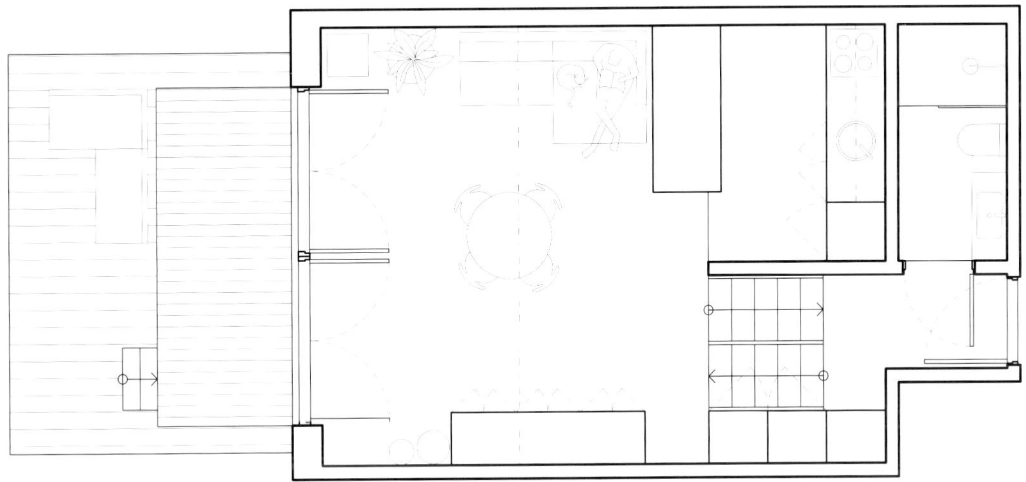

전

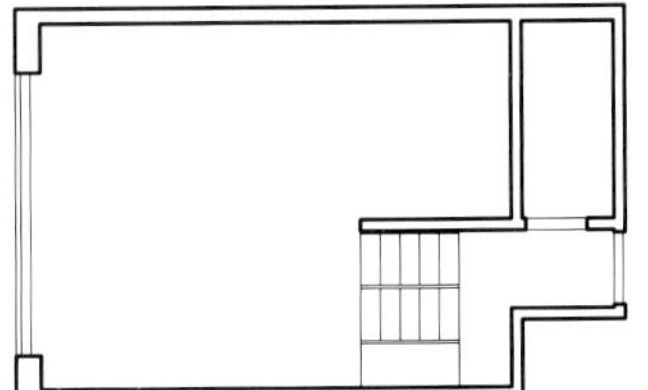

축척 1:100
1    2    3    4    5m

거실에는 남향 창문을 통해 들어오는 빛을 향해 자라나는 식물이 많다. 반대쪽 벽에는 타일을 붙인 녹색 벽과 블러시 핑크 수납장이 시선을 사로잡는 조화를 이룬다. 수납장엔 펼치는 책상과 반려묘 속이 숨는 자리도 마련했다.

영리한 맞춤 제작 가구들이 많지만 프라에이만은 텔레비전 장치를 가장 자랑스러워한다. 천장 레일에 매달린 텔레비전을 벽 앞에서 방 한가운데로 옮길 수 있다. 쓰지 않을 때는 벽 쪽으로 끌어와서 텔레비전 뒤편의 작품 조각을 보이게 하는 것도 가능하다. 이 커플이 집을 자신들만의 방식으로 독창성을 발휘한 수많은 예 중 하나다.

이들은 기존 회색 주방의 '단순함과 고요함'을 좋아해, 주방 아일랜드를 더하고 그 위에 큰 향신료 수납 선반만 달았다. 가로등이었던 것을 가져와 주방 조명으로 쓴 것도 흥미롭다.

몇 계단 올라가면 침실이 나오는데, 나무 프레임 안에 침대를 두었고 모기를 막아주고 밤에 빛을 가려주는 커튼이 침대 주위를 둘러싸고 있다. 침대 끝의 나무 구조물은 빨래 건조대와 방을 구분하는 칸막이 역할을 동시에 한다.

낮에는 남향 창문의 작은 전동 블라인드가 햇살을 막아준다. 블라인드 리모컨이 하나뿐이라 프라에이만은 층 사이의 도르래에 리모컨을 달아놓는 장난스러운 해결책을 고안했다. 조명 스위치도 현관문 쪽에 있어서 침대에 누워 있을 때는 아주 불편했기 때문에 프라에이만은 벨기에의 버려진 공장에서 찾은 우스꽝스러울 정도로 큰 공업용 스위치에 연결했다.

프라에이만은 자신과 괴카야의 독특하고 창의적인 집에 대해 "난 직접 물건을 만들기를 좋아하고 거기서 특정 스타일이 나온다"라고 말한다.

**왼쪽**
식물과 창의적 도르래 시스템이
있는 거실이다. 텔레비전 장비
뒤에는 조각이 있다.

우리의 비전은 면적이나 자재가 아닌 집과의
'상호 작용'에서 만들어졌다.

**왼쪽 위**
작게 보이지만 식탁에는 여덟 명까지
앉을 수 있다. 다른 가구들이 전부
각진 모양이라, 이들은 대조를 이루기
위해 원탁을 골랐다.

**왼쪽 아래**
핑크 수납장은 이케아 제품 세
개를 합치고 색칠해서 만들었다.
수납장에는 책상이 숨어 있고 고양이
속이 숨을 장소와 스크레처도
마련했다.

**오른쪽**
입구의 펜던트 조명은 튀르키예의
폐공장에서 찾아 프라에이만이
수하물로 가져온 것이다.

아래
프라에이만은 세탁기 주위에 맞춤
제작 수납장을 설치했다. 속의
화장실도 이 안에 넣어뒀다.

오른쪽
침실 큐브 주위에는 우스꽝스러울
정도로 큰 공업용 스위치, 프라이만이
등하교 때 타던 자전거와 같은
센티멘털한 예술적인 설치물 등
개인적인 디테일이 가득하다.

작은 주거 공간 디자인은 싱글이나 커플을 위한 집으로 오해받을 수가 있다. 하지만 교외보다는 도시 중심지의 작은 집에 살기를 선택하는 가족들이 늘어나는 것이 지금 트렌드다.

건축가와 디자이너는 이렇게 새롭게 등장한 의뢰인과 변화하는 가족의 요구라는 과제에 어떻게 대응했을까? 유연한 벽처럼 기능하는 커튼 파티션부터 교묘히 합체된 가구에 이르기까지, 이 섹션은 가족이 작은 집에서 살아가는 기발한 방법들을 소개한다.

일본 오사카에 위치한 F-하우스가 주목할 만한 예다. 4인 가족의 필요에 맞춰 가용 공간을 최대한 활용할 수 있도록 주의 깊게 디자인한 집이다. 높이와 폭의 한계가 있어 코일 가즈테루 마쓰무라 아키텍트는 수직 공간 확장에 집중하기로 했다. 1층 천장은 평범하지만,

2층에서는 높이의 잠재력을 최대한 활용해 수납공간이자 아이들의 놀이 공간이 되는 로프트를 만들었다.

가족이 작은 집에 사는 놀라운 예가 또 있다. 파리 중심부의 크뢰솔 레지던스다. 평범한 아기방이었을 뻔한 곳이지만, 건축가이자 소유주인 에두아르 룰레-마페이스와 오펠리 도리아의 아이가 자라면서 점점 바꿀 수 있도록 디자인했다. 모듈형 가구를 쓰고 빌트인 가구는 사용하지 않아, 아이의 필요와 흥미가 달라짐에 따라 방을 쉽게 재배치할 수가 있다. 게다가 집 전체에 걸쳐 가구를 간막이로 똑똑하게 활용해, 탁 트이고 통풍이 잘되는 느낌을 유지하면서도 분리된 공간을 만들어냈다.

파리 듀플렉스 익스텐션은 가까이 모여 사는 가족 생활이라는 콘셉트의 전형적인 예시인 작은

# 가족을 위한 집

아파트다. 주방은 가족 구성원이 편안하게 교류할 수 있도록 디테일까지 꼼꼼하게 디자인했다. 낮은 빌트인 벤치 등 다양한 높이의 맞춤형 가구를 써서, 건축가 올리비에 메나르의 어린아이는 기어올라서 가족 식사 준비를 도울 수 있다. 수직 방향으로도 확장된 집이라, 점점 늘어나는 가족의 필요에 따라 공간을 더욱 최대화할 수 있도록 2층을 만들었다.

F-하우스, 크뤼솔, 파리 듀플렉스 익스텐션의 디자이너들은 미래를 생각하며 다용성과 융통성을 우선시했다. 유연함에 대한 강조는 이 집들이 오랜 기간 동안 변화하는 라이프스타일을 받아들이도록 하며, 가족이 이 공간을 정말로 자신들의 집으로 만들어갈 수 있도록 돕는다.

# 크뤼솔

**Crussol**

↗ 54m² / 16.3평
스페이스 팩토리
Space Factory
프랑스 파리 오베르캉프

에두아르 룰레-마페이스Edouard Roullé-Mafféis와 오펠리 도리아 Ophélie Doria가 크뤼솔을 발견한 건 운명이었다. 원래 파리의 역사 깊은 11구 오베르캉프에 위치한 20세기 중반 화가 작업실이자 갤러리 공간이었다. 건축가 겸 집주인인 이들의 목표는 '영혼이 있는 공간을 찾아 아파트로 만들자'였는데, 크뤼솔만 한 곳이 없었다.

그러나 현관이 두 개, 폭의 절반 정도인 벽이 한 개가 있고, 방이 없고 좁은 L자형 54제곱미터(16.3평) 공간을 바꾸는 것은 쉬운 일이 아니었다.

그러나 이들은 굴하지 않았다. 집의 창문 그리고 가족의 개성 넘치
는 집이 될 가능성에 매료된 룰레-마페이스와 도리아는 파티션을
설치해 현관 영역을 분리하고 욕실이 딸린 침실과 주방을 만들었
다. 다른 현관문은 없애고 창문으로 교체했다. 방 위에 작은 로프트
를 더해 아기방으로 만들었다.

이 커플의 상반된 미적 취향에 어울리는 디자인 세계를 찾는 것은
중요했다. 룰레-마페이스는 오브제가 가득한 공간을 좋아하는 반면
도리아는 심플함과 깨끗한 선에 끌린다. 그래서 '아틀리에 랑제-데
랑제atelier rangé-dérangé(깔끔하고 어지러운 작업실)'이 탄생했다.

후
전

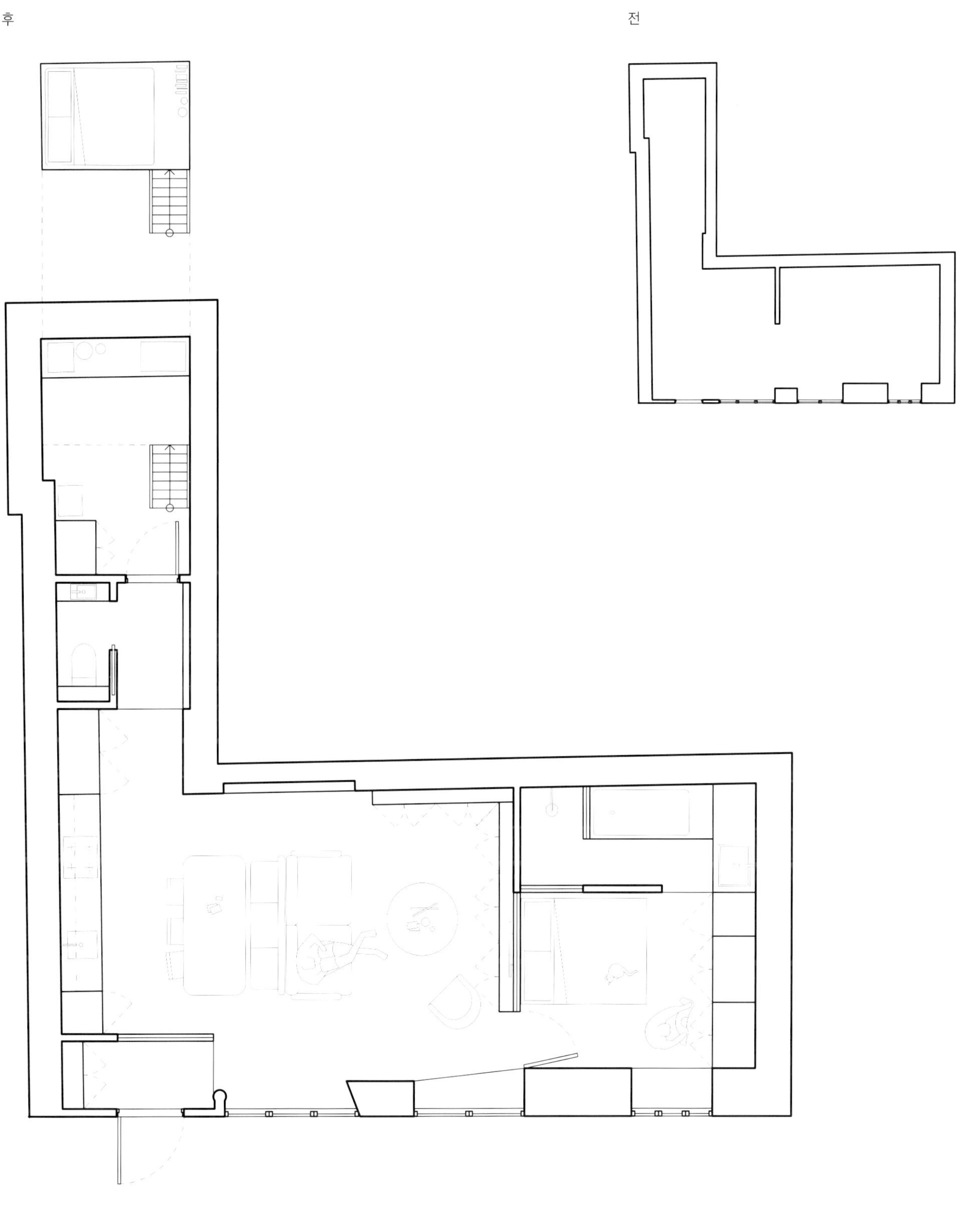

축척 1:100
1    2    3    4    5m

우리는 여기 있었던 작업장의 영혼을
존중하고 싶었다.

이 모토 아래 두 디자이너의 미감이 공존하게 되었다. 심플하고 밝은 오픈플랜 공간에는 책장, 주방 선반, 거실 알코브 선반 같은 어지러운 것도 있다.

"우리는 여기 있었던 작업장의 영혼을 존중하고 싶었다." 도리아의 말이다. 예를 들어 기존 창문에 사용된 듯한 유리로 현관의 파티션을 만들었다. 집 현관에 설치된 커다란 금속 기둥도 손대지 않고 그대로 놔두었다.

54제곱미터의 공간 중 거의 30제곱미터(9.1평)가 거실이다. 디자인 모토를 염두에 두고 낮은 수납장을 두 벽면에 걸쳐 배치했다. 리노베이션 중 발견한 아름다운 흰 돌벽에 플로팅 선반을 달았다. 기존 건물에 대한 오마주로 이 벽에 다른 손질은 하지 않았다.

공사 중 주방에서도 돌벽을 발견했다. 벽이 돋보이도록 수납장은 무광 검은색으로 선택했다.

**위**
공간을 최대화하기 위해 식탁 벤치와 소파는 등을 맞대어 두었다.

**오른쪽**
현관의 유리가 설치된 파티션은 프라이버시를 지켜주면서도 자연광이 주방으로 흘러가도록 한다.

**왼쪽**
입구의 소나무 합판 벽에는
수납공간이 숨어 있고 벤치 아래에는
신발장을 마련했다.

**아래**
침실에는 재활용한 유리창을 써서
빛이 거실까지 닿도록 했다.

**265쪽 왼쪽**
욕실이 작긴 해도 안락함을 포기하고
싶지 않았다.

**265쪽 오른쪽**
욕실을 세심하게 디자인해 샤워실,
욕조, 화장대를 모두 넣었다.

재활용 유리창 파티션으로 거실과 분리한 침실은 맞춤 제작한 퀸 사이즈 베드와 옷장을 갖춘 작은 공간이다. 히터를 덮은 작은 벤치가 있어, 거실의 것과 비슷한 아늑한 독서 공간이 되어준다. 작은 침실에 비해 넉넉한 욕실이 딸린 것에 대해 룰레-마페이스는 "우린 더 큰 공간의 안락함이 사라진 아파트를 원하지 않았다"라고 말한다. 욕실 한쪽에는 거울이 달려 있어 더 넓은 공간처럼 느껴진다.

이 가족에겐 '털북숭이 룸메이트'가 있다. 고양이 눈Noon이다. 매일 정오noon에 일어난다고 해서 이런 이름이 붙었다. 눈은 문에 뚫어 놓은 구멍을 지나다니고, 창문 옆 해먹에 올라갈 수 있도록 선반도 달았다. "그래야 눈은 늘 감시하며 이 집의 작은 관리자 역할을 할 수 있다. 눈은 자기가 정말 관리자라고 생각한다." 커플의 설명이다.

주방 옆 복도를 지나면 작은 아기방이 있다. 아이디어를 한껏 발휘한 곳이다. 맞춤 제작한 옷장, 기저귀 교환대, 안락의자, 아기 침대는 변형이 가능해서 어린 딸이 자라면 조금 더 큰 아기용 침대, 일반 침대로 바꿀 수가 있다. "넓이가 중요한 게 아니라, 그 공간을 어떻게 쓰느냐가 중요하다"라는 이 커플의 믿음이 그대로 반영되었다.

정성이 가득한 곳들이 그렇듯, 크뢰솔에는 작은 모순이 많다. 정제돼 있지만 느긋하고, 개성이 강하지만 물건이 가득하지는 않다. 신선하고 흥미로운 집이지만, 오래전부터 늘 이곳에 있었던 장소 같기도 하다.

# F-하우스

## F-house

57㎡ / 17.2평

코일 가즈테루 마쓰무라 아키텍츠coil kazuteru matumura architects

일본 오사카 히라카타

일본 오사카의 조용한 동네 한산한 거리에 위치한 작은 목조 주택이다. 슬라이딩 도어인 현관문, 스테인리스스틸 포르티코●, 외경사 지붕을 갖춘 이 집의 모습은 어느 도시, 어느 거리에서나 볼 수 있을 법하다. 4인 가족이 거주하는 이 집엔 책, 장난감, 가족사진, 낡은 가구, 사무실과 주방의 잡동사니 등 행복한 가정에 있는 물건들이 가득하다.

그러나 이 3층 집이 특별한 것은 기존에 있던 요소를 활용한 건축가들의 능력 때문이다. 원래 가지고 있던 가구들을 중심으로 디자인한 57제곱미터(17.2평)의 이 집에는 텅 빈 흰 벽이나 접었다 폈다 할 수 있는 기발한 맞춤 제작 가구 같은 것은 없다.

● 주로 대형 건물 입구에 기둥을 받쳐 만든 현관 지붕.

집은 요시노 삼나무와 푸조나무로 지었다. 목수팀을 이끈 오키모토 마사아키沖本雅章는 이런 소재 사용해 이 집에 특성을 부여했다. 그렇지만 목조 건물을 지은 이야기도 매력적이다. 오키모토는 의뢰인의 아이들을 초대해 건설 과정에 참여하게 했고 집 곳곳에 야심만만한 나무 무늬 이스터 에그●를 남겼다.

현관에 들어서면 우선 다양한 모양과 크기의 모자이크 타일 아트가 눈에 띈다. 이것은 앞으로 보게 될 요소에 대한 장난스러운 힌트이기도 하다. 또 시선을 사로잡는 것은 공간을 여러 구역으로 나누는 큰 크림색 커튼이며 예산을 줄이는 방법이기도 했다. 1층을 욕실과 침실을 구분해주고, 부모의 침실과 아이들의 침실도 분리해준다. 책임 건축가 마쓰무라 가즈테루松村一輝는 "개방되고 유연한 분위기를 만들기 위해" 커튼을 썼다고 말한다.

아이들의 침실은 가구점에서 구입한 벙크 베드, 바퀴 달린 책상, 당연히 있어야 할 봉제 인형과 장난감으로 채워진, 단순하고 햇살이 가득한 공간이다. 반면 부부의 침실에서는 차분함과 단순함, 고요함이 느껴진다. 두 침대의 끝에 걸어둔 크림색 커튼 뒤엔 옷장이 하나 숨어 있다.

'탁 트인 하나의 공간에 다 함께 모일 수 있으면 좋겠다'라는 가족의 요청에 따라, 건축가들은 주방, 다이닝 공간, 거실이 합쳐진 넓은 공간을 2층에 만들었다. 작은 3층 로프트를 설치할 수 있을 정도로 천장이 높은 오픈플랜 공간이다. 사다리나 클라이밍 벽을 타고 로프트로 갈 수 있는데, 로프트는 추가 수납공간이자 아이들의 놀이 공간으로 사용한다.

거실과 계단은 가족들이 사랑하는 책장으로 분리된다. 맞춤 제작한 이 책장은 계단 난간 역할도 한다. 여기에서도 크림색 커튼을 썼다. 거실 가구는 전부 중고품이고, 여기서 추억을 만들어간다는 느낌을 준다.

무지개 색깔 홀드가 달린 클라이밍 벽은 따뜻한 나무, 부드러운 크림색과 예상 밖의 대조를 이루면서도 분위기를 완성시킨다.

건축가들은 일자형 조리대를 가족이 원래 가지고 있던 식탁과 같은 넓이로 설계했다. 이미 소유한 것에 집 사이즈를 맞추는 것은 공간을 효율적으로 쓰는 현명한 방법이다. 주방의 다른 도구들은 부족함 없이 갖춰두었고, 역시나 커튼으로 숨길 수 있다.

이곳은 작은 집이 번들거리는 새하얀 미니멀리즘 미술관 같은 공간이 아닐 수 있다는 걸 보여준다. 지극히 특수하지만 지극히 공감이 간다는 점에서 특별하다.



● 게임, 소프트웨어, 영화 등 재미를 위해 숨겨둔 메시지나 기능을 뜻하며, 부활절 달걀을 숨겨두고 아이들에게 찾도록 하는 부활절 풍습에서 따온 용어다.

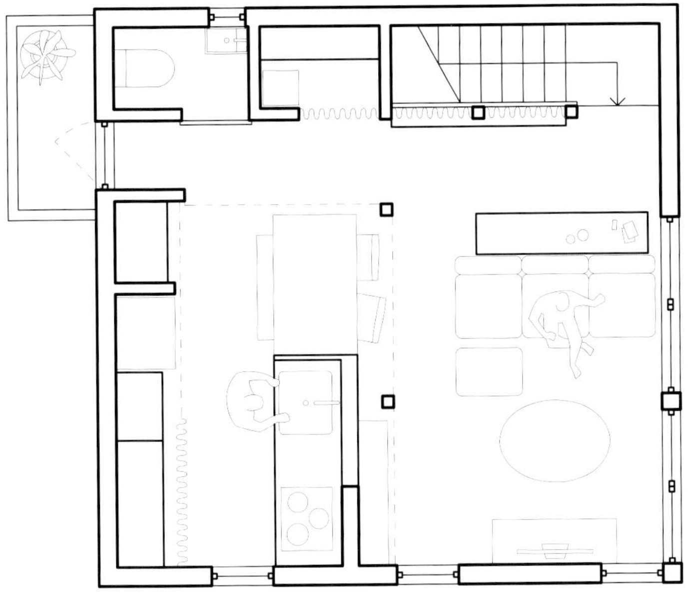

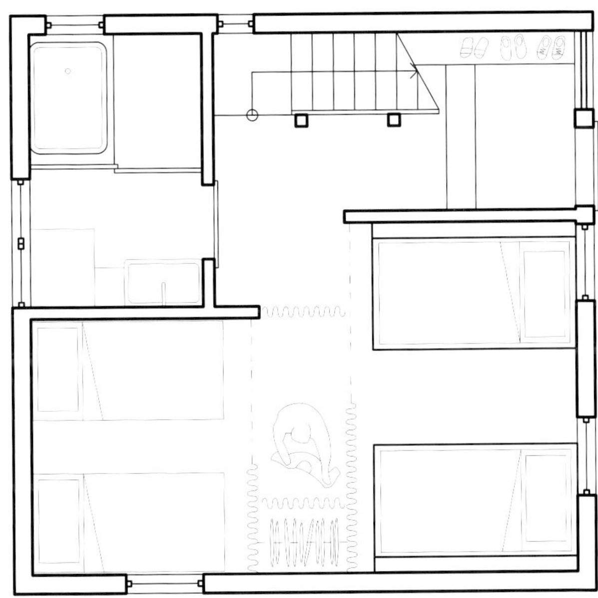

축척 1:100

**왼쪽**
현관은 단순하고 기능적이다.

**아래**
현관의 땅바닥에 모자이크 타일을
깔았다. 집 이곳저곳에 넣어둔 여러
디테일 중 하나다.

**오른쪽**
욕실의 큰 사각형 세면대는 과학
실험실에서 쓰는 것이다. 비용을
절약하기 위한 여러 실용적 디자인
선택 중 하나였다.

　6 가족을 위한 집

**왼쪽**
빛이나 공간의 흐름을 막지 않으면서
구역을 나누기 위해 집 전체에 커튼을
사용했다. '나중에 공간 구성을 바꿀
때 힘이 덜 들도록' 하기 위함이기도
했다.

**오른쪽**
클라이밍 벽과 사다리는 작은
로프트에 올라가는 장난스러운 두
가지 방법이다.

이곳은 작은 집이 번들거리는 새햐얀
미니멀리즘 미술관 같은 공간이 아닐 수
있다는 걸 보여준다.

**274쪽 위**
커튼이 부부의 침실을 둘러싸고
있으며, 옷을 보관하는 침대 끝 공간도
가려준다.

**274쪽 아래**
부부의 침실과 커튼으로 분리된
아이들의 침실은 아이들이 좋아하는
장난감과 합리적인 가격의 가구로
채웠다.

**위**
가족이 원래 가지고 있던 가구들을
중심으로 공간을 디자인하는 것에
대해 마쓰무라는 "그들은 좋아하는
가구를 잘 활용할 수 있는 삶을 살고
싶어 했다"라고 말한다.

# 푸르비에르 아파트

## Fourvière Apartment

↗ 57㎡ / 17.2평
👤 뮈라 아르시텍트MURA architectes
📍 프랑스 리옹 푸르비에르

푸르비에르 아파트의 발코니 층은 마조렐 블루로 칠했다. '그냥 재미로' 했다고 한다. 세심하게 디자인한 공간이 너무 진지할 필요는 없다는 건 즐거운 교훈이다.

건축가이자 집주인인 막심 위르드캥Maxime Hurdequint과 마리 브라바르Mary Bravard가 이 아파트를 처음 봤을 때, 놀라운 풍경에 홀딱 반했다. 서쪽으로는 몽도르 언덕의 석양이 보였고, 동쪽에서는 강, 리옹 중심가, 알프스산맥 위로 떠오르는 해를 볼 수 있다.

이 건물은 2차대전 후 재건 프로그램의 일환으로 1959년에 완공되었다. 위르드캠과 브라바르가 처음 이곳을 보았을 때 레이아웃은 완공 당시 그대로였다. 친구 열 명을 초대할 수 있고 '호텔 방 처럼' 큰 샤워 공간을 갖춘 침실 두 개짜리 밝은 집을 원했던 터라 내부 구조를 재구성했다.

이들은 집을 최대한 밝게 만들고 싶어서 집 안 전체에 햇빛이 들도록 창문과 문이 일직선으로 이어지도록 맞췄다. 특히 해가 뜨고 질 때에 중점을 두었다.

테라코타와 올리브그린 색상을 주로 사용했다. 과감한 테라코타색으로 바닥부터 천장까지 칠한 현관 복도가 그 시작이다. 이 복도는 모든 방과 연결된다. 기존 공간을 좁혀 왼쪽 벽에 옷장과 수납공간을 마련했다. 오른쪽에는 위르드캠의 그림 몇 점을 걸었다. 복도 끝에는 벽면을 꽉 채우는 거울을 설치해 공간을 넓어 보이게 했다.

거실에 들어가면 마조렐 블루로 바닥을 칠한 발코니로 시선이 향한다. 거실 가구는 빈티지, 가족의 선물, 파리 거리에서 우연히 찾은 것 등 다채로운 조합이다. 뒷벽을 따라 오크 문이 달린 긴 이케아 수납장을 두었다. 양옆 틈새에 좁은 수납장을 끼워넣어 맞춤 제작 가구처럼 보이게 했다. 그 위의 빈 벽은 프로젝터용 스크린으로 쓴다.

이들은 거실이 넓고 바람이 잘 통하는 느낌이 나길 원했기 때문에 주방은 대조적으로 수수하게 디자인했다. 수납장은 쿼츠 조리대 아래에만 달았다. 조리대 위의 경사진 벽은 거친 콘크리트 질감을 강조하기 위해 그대로 드러나게 두었다. 붙어 있는 작은 공간은 팬트리다. 이 커플은 여기를 '카비스투cabistou'라고 부른다. 오븐, 냉장고, 진공청소기, 찬장이 여기에 숨어 있다.

위르드캠과 브라바르는 침실에서 "빛이 콘크리트 질감을 드러내는 것이 정말 좋다"라고 한다. 천장까지 이르는 옷장 문은 맞춤 제작했고, 벽과 어울릴 수 있도록 흰색으로 칠했다.

욕실에는 콘크리트 햇빛 가리개가 있기 때문에, 샤워하며 경치를 즐길 수 있도록 창문 앞 공간을 샤워실로 설계했다. 빌트인 수납공간에는 세탁기와 온수 탱크가 들어간다. 표면 대부분은 미장 마감해 세련되고 고요한 느낌을 준다.

이 집에는 두 '온도'가 존재한다. 테라코타색으로 칠한 따뜻하고 풍부한 톤의 복도가 있는가 하면 빛이 가득하며 밝고 주로 흰색인 방들이 있다. 이 둘이 자연스럽게 어우러져 심플하면서 스타일리시한 가정집이 된다.

**276쪽**
거실에서 침실을 보면 테라코타색 복도와 밝은 침실의 대조가 잘 드러난다.

**왼쪽**
주방과 거실 사이의 식탁은 오크로 마감했다. 의뢰인의 요청대로 열 명까지 앉을 수 있다.

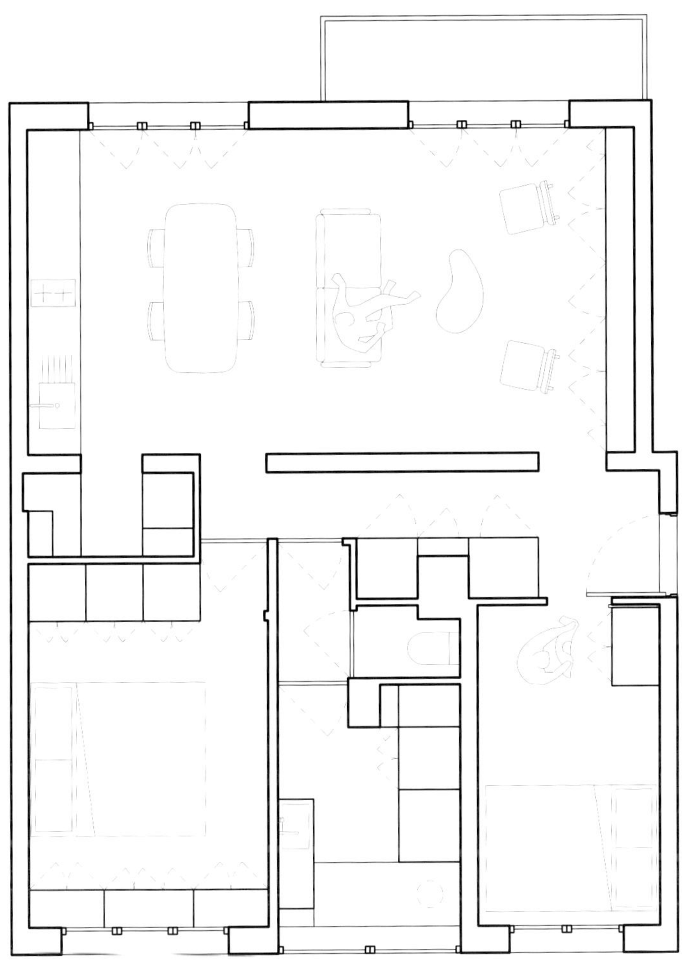



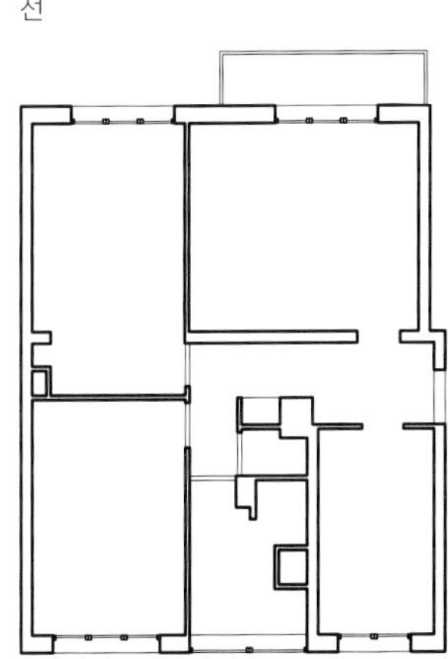

축척 1:100

1  2  3  4  5m

   6 가족을 위한 집

왼쪽
수납장 위의 벽은 거의 텅 비어
프로젝터로 영화를 틀 수 있다.
안락의자와 커피 테이블은 1960년대
빈티지 가구다.

위
침실에는 맞춤 제작한 빌트인 가구가
많다.

이들은 집을 최대한 밝게 만들고 싶어서 집 안
전체에 햇빛이 들도록 창문과 문이 일직선으로
이어지도록 맞추었다.

# 파리 듀플렉스 익스텐션

**Paris Duplex Extension**

↗ 45㎡ / 13.6평
아르시비앙Archibien
⊙ 프랑스 파리 포르트 디브리

아르시비앙의 건축가 올리비에 메나르Olivier Ménard 부부는 가족 수가 늘어나면서 당연한 딜레마에 빠졌다. 공간이 더 필요했던 것이다. 이들은 파리 교외 포르트 디브리에 위치한 아파트에 살고 있었고, 문화적으로 풍요로운 이곳이 좋았다. 마침 위층 집이 우연히 비게 되자 그들은 확장하기로 결심했다.

1870년대에 노동계급 가족들을 위해 만들어졌다는 이 건물은 한때는 한 가족이 전부 소유했으나 후에 작은 집으로 쪼개졌다.

아르시비앵의 목표는 45제곱미터(13.6평)의 공간을 한 치도 빠짐없이 최적화하고, 층고를 높인 두 구역을 만들어서 더욱 크게 느껴지도록 하자는 것이었다. 거실 공간에 오픈 계단을 두고, 주방 및 다이닝 공간 위의 두 배 높은 천장에는 자연광이 들어오도록 채광창을 달 계획이었다.

소재도 공간감을 최대화할 수 있도록 골랐다. 철골 콘크리트 슬래브에 연회색 에폭시 레진 코팅을 해서 매끈하고 통일감 있는 바닥을 완성했다. L자형 주방은 낮은 수납장과 창문 아래의 벤치를 사용해 더욱 개방된 공간 같은 느낌을 주었다. 조리대는 코리안Corian이라는 이름으로 더 잘 알려진 하이맥Hi-Mac 소재와 자작나무 합판을 사용했다. 표면에 이음새가 없고 싱크대는 일체형이다. 조리대 앞의 벽은 흰색 세라믹 타일을 붙이고 줄눈을 검은색으로 채워서 주방을 밝게 하는 동시에 닦기도 쉽다.

거실 위층에는 채광창과 천장 선풍기가 딸린 침실이 있다. 아래층 주방이 보이는 큼직한 이중 유리창이 눈에 띈다. 창문 근처에는 책상을 두어 사무 공간으로도 활용이 가능하다. 낮에는 쓸 일이 없는 곳을 영리하게 활용한 셈이다. 아르시비앵 팀은 부부의 옷과 개인 물건들을 넣을 수납장을 맞춤 제작했고, 아이가 자라면서 변형할 수 있는 간소한 아기방도 디자인했다.

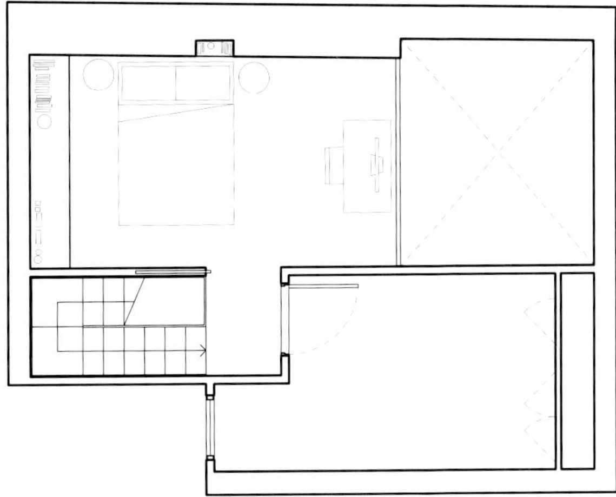

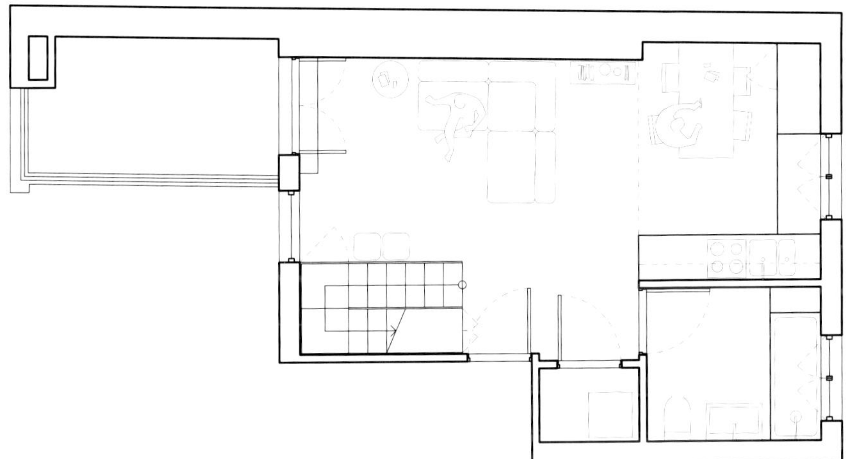



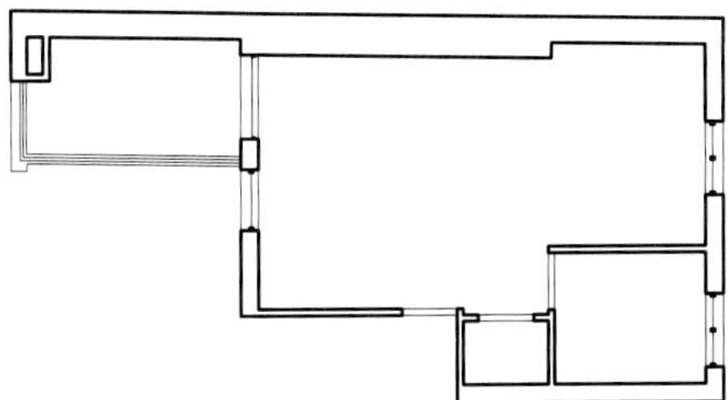

축척 1:100

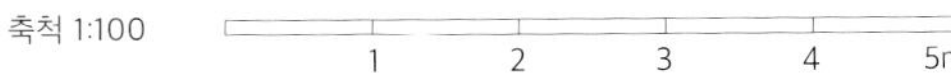

284쪽
작지만 잘 갖춰진 주방이 이 가족에겐
잘 맞는다.

286쪽
윗집이 비었을 때 메나르 부부는
확장을 결심했다.

왼쪽
침실의 한 벽면을 차지한 유리벽은
자연광을 최대화하기 위해 설치했다.

오른쪽 위
침실 바닥은 목재다. 보, 천장 선풍기,
알코브 선반도 이에 맞춰 목재로
제작했다.

오른쪽 아래
소재들의 색상이 중립적이라 다양한
가구를 영리하게 활용해서 포인트를
주었다.

아르시비앵은 수직 확장을 통해 아파트의 잠재력을 최대한 이끌어 냈다. 기존 건물을 수직 증축하면 도심지에 더 많은 사람들이 살 수 있게 된다. 이 방식은 기존의 전기, 수도, 하수 인프라뿐만 아니라 이미 갖춰진 교통 시스템, 학교, 병원, 공원 등의 편의시설을 활용한다. 파리처럼 인구가 밀집된 도심지에서는 공간이 점점 더 제한되고 자원은 귀해진다. 작은 집에서 사는 것이 이치에 맞는 이유다.

아르비시앵의 이 프로젝트는 가족이 작은 집에 살아도 더 큰 집 못지않게 아늑하고 시각적으로 훌륭할 수 있다는 증거다. 메나르는 많은 건축가들이 어렵다고 느낄 만한 공간 디자인에서 기쁨을 느꼈다. "실용적, 기술적, 물리적, 경제적 제약에서 나온 아름다움과 안락함" 때문이다.

위
손대지 않은 돌벽이 주방과 다이닝
공간에 아늑한 느낌을 준다.

오른쪽
이 크기 집에서는 드물게도 욕실에
욕조가 있다. 어린아이가 있는
가족에겐 유용하다.

작은 집에 살아도 더 큰 집 못지않게 아늑하고
시각적으로 훌륭할 수 있다.

# 참여자들

르보프스카Lwowska · 40쪽
32㎡/9.7평
폴란드 크라쿠프 포드구르제

디자인
pigalopus
Karolina Chodur and Malwina Borowiec
pigalopus.pl

사진
Michał Lichtański
@lichtanskimichal

리밋 하우스Limit House · 76쪽
28㎡/ 8.5평
타이완 타이베이시 다퉁구

디자인
Republic Design
Joanne Wang, Jia-Bao Dong, Chris
    Choo
rd-interior.com

사진
Yu Chen Chao Studio
@yuchenchao_studio

마르빌라 다락방Marvila Attic · 48쪽
60㎡/18.2평
포르투갈 리스본 마르빌라

건축
KEMA studio
Eliza Borkowska and Magdalena
    Czapluk
kema.pt

사진
@Alexander Bogorodskiy © KEMA
studio Eliza Borkowska

마크 IIMark II · 96쪽
27㎡/ 8.2평
호주 시드니 러시커터스 베이

디자인
Nicholas Gurney
nicholasgurney.com.au

사진
Kat Lu
katherinelu.com

맥시멀리스트 미니 로프트Maximalist
    Mini Loft · 198쪽
57㎡/ 17.2평
프랑스 파리 바뇰레

건축
Zyva Studio
Anthony Authié
zyvastudio.com

사진
Yohann Fontaine
yohannfontaine.com

모놀로칼레 EFFEMonolocale EFFE ·
    162쪽
36㎡/ 10.9평
이탈리아 롬바르디아 만토바

건축
Archiplanstudio
Jacopo Rettondini, Diego Cisi and
    Stefano Gorni Silvestrini
archiplanstudio.com

사진
Barton Taylor
bartontaylorphotography.com

비샬레beâCHâlet · 12쪽
51㎡/ 15.4평
호주 시드니 브론테

건축
mattr.studio
Matt Reynolds

사진
Guy Wilkinson Photography
guywphoto.com/index

디자인 멘토
Jenny Reynolds

목공 코치
Geoffrey Reynolds

전기 기사
Heath Vincent at Safelectric

스트로보스코프Stroboscope · 172쪽
42㎡/ 12.7평
프랑스 파리 오페라

건축
studiobravo
Marion Richard and Thomas Pellerin
@studiobravo.archi

사진
Bertrand Noël

bertrandnoel.com

목공
Sergiu Stici / EURL S.T.I.C

주방 아일랜드 목공
Le pavé ®

스헤입스Scheeps · 246쪽
45㎡/ 13.6평
네덜란드 암스테르담 동쪽 항만 지구

디자인, 제작
Fadime Gökkaya and Koen Fraijman
fraijman.nl

사진
Rem Burger
remberger.nl

아카쓰쓰미 집Home in Akatsutsumi ·
    86쪽
46㎡/ 14평
일본 도쿄 세타가야

건축
Small Design Studio
Kumiko Ouchi
small-design-studio.com

사진
Yumi Saito
yumisaitophoto.com

워털루 스트리트Waterloo Street ·
    124쪽
59㎡/ 17.8평
싱가포르 부기스

건축
Three-d conceptwerke
Dess Chew
three-d-conceptwerke.com

사진
Justin Loh
@justinloh911
Wong Weiliang
crispcontrasts.com.sg/wong-weiliang-
    interior-architectural-photography

일리우폴리 아파트Ilioupoli Apartment
    · 144쪽
55㎡/ 16.6평
그리스 아테네 일리우폴리

건축
Point Supreme Architects
Konstantinos Pantazis and Marianna
    Rentzou

pointsupreme.com

사진
Yiannis Hadjiaslanis
hadjiaslanis.com

주르댕Jourdain · 228쪽
24㎡/ 7.3평
프랑스 파리 주르댕

건축
BILOBA.archi
Matthieu Torres
@biloba.archi

사진
Matthieu Torres
@matthieu_torres

카사 잘라Casa Gialla · 188쪽
47㎡/14.2평
스페인 마드리드 솔

건축
gon architects
Gonzalo Pardo
gon-architects.com

사진
magen Subliminal(Miguel de Guzmán
    + Rocío Romero)
magensubliminal.com

건설
Redo Construcción
@redo.construccion

카사 쿠보Casa Cubo · 22쪽
59㎡/ 17.8평
아르헨티나 부에노스아이레스 파르케
    차카부코

건축
Arqs. Michatek Skarstad
Torunn Vaksvik Skarstad and Matias
    Michatek
michatekskarstad.wixsite.com/website

사진
Javier Agustín Rojas
javieragustinrojas.com

캔디 큐브 레지던스Candy Cube
    Residence · 180쪽
59㎡/ 17.8평
중국 홍콩 타이 항

건축
NC Design & Architecture Limited
Nelson Chow

ncda.biz

**사진**
HDP Photography
hdp-photographyservices.com

**도급**
DDL Contracting limited,
HKAGCM limited.

**코시모 피오바스코를 위한 집**House for
Cosimo Piovasco · 218쪽
45㎡/ 13.6평
스페인 마드리드 라스트로

**건축**
Mariana de Delás
marianadelas.com

**사진**
Imagen Subliminal
(Miguel de Guzmàn + Rocío Romero)
imagensubliminal.com

**콜로나키 아파트**Kolonaki Apartment ·
154쪽
48㎡/ 14.5평
그리스 아테네 콜로나키

**건축**
Cluster Architects
Lora Zampara and Michalis Saplaouras
cluster-architects.com

**사진**
Studiovd
Nikos Vavdinoudis and Christos
Dimitriou
studiovd.gr

**크뤼솔**Crussol · 258쪽
54㎡/ 16.3평
프랑스 파리 오베르캉프

**건축**
Space Factory
Ophélie Doria and Edouard Roullé-
Mafféis
spacefactory.fr

**사진**
Hervé Goluza
@herve_goluza

**파리 듀플렉스 익스텐션**Paris Duplex
Extension · 284쪽
45㎡/ 13.6평
프랑스 파리 포르트 디브리

**건축**
Archibien
Olivier Menard
archibien.com

**사진**
©Archibien.com
archibien.com

**파트너**
M. Cardines

**건설**
Humeau Eco Construction
AFB
SIMA

**파크 스트리트 아파트**Park Street
Apartment · 58쪽
42㎡/ 12.7평
호주 멜버른 브런즈윅

**디자인**
Alex Antoniadis
@xand.who.are.you

**사진**
Nam Tran
nevertoosmall.com

**페퍼 트리 패시브 하우스**Pepper Tree
Passive House · 236쪽
54㎡/ 16.3평
호주 울런공 유낸데라

**건축**
Alexander Symes Architect
alexandersymes.com.au

**빌더**
Souter Built
souterbuilt.com.au

**사진**
Barton Taylor
bartontaylorphotography.com

**인테리어 디자인**
Eliesha Keenan
paianodesign.com

**푸르비에르 아파트**Fourvière Apartment
· 276쪽
57㎡/ 17.2평
프랑스 리옹 푸르비에르

**건축**
MURA architects
Maxime Hurdequint and Mary Bravard
mura.archi

**사진**
Mathieu NOËL
mathieu-noel.com

**프로젝트 #13**Project #13 · 104쪽
64㎡/ 19.4평
싱가포르 세랑군

**건축**
Studio Wills + Architects
William Ng and Keguang Kho
studio-wills.com

**사진**
Khoo Guo Jie
khoogj.com, @khoogj_
Finbarr Fallon
finbarrfallon.com, @fin.barr

**엔지니어**
CAGA Consultants Pte Ltd

**도급**
Wah Sheng Construction Pte Ltd,

**목수**
Sin Hiap Chuan Wood Works

**플랫 일레븐**Flat Eleven · 136쪽
50㎡/ 15.1평
이탈리아 피렌체 올트라르노

**건축**
Pierattelli Architetture
Claudio Pierattelli
pierattelliarchitetture.com

**사진**
Iuri Niccolai
iuriniccolai.it

**핑크옐로**Pinkyellow · 68쪽
32㎡/ 9.7평
우크라이나 키이우 페이나 타운

**디자인**
Olha Bondar Design
olgabondar.net

**사진**
Alexander Kondriyanenko
brizmaker.com

**EG112 단순한 주택**EG112 simple
dwelling · 208쪽
34㎡/ 10.3평
스페인 바르셀로나 에이샴플레

**건축**
Jacobo Valentí

jacobovalenti.com

**사진**
Juan Serlo
@juanserlo

**목공**
Javier Dominguez

**F-하우스**F-house · 266쪽
57㎡/ 17.2평
일본 오사카 히라카타

**건축**
coil kazuteru matumura architects
Kazuteru Matumura
coilkma.com

**사진**
YFT, YAMADA FOTO TECHNIX,
Keishiro Yamada
yamada-foto-technix.com

**목수**
Kisaburo, Okimoto Masaaki
kisaburo.info

**IT의 집**IT's House · 30쪽
70㎡/21평
타이완 타이베이 원산구

**건축**
2 Books Design
Jeff Weng
2booksdesign.com.tw

**사진**
Lucas K. Doolan
studiomillspace.com

**VM36** · 114쪽
53㎡/ 16평
프랑스 파리 피갈

**건축**
JMLC STUDIO
Jean-Malo Le Clerc
jmlcstudio.com

**사진**
Juan Jerez Studio
juanjerezstudio.com

**도급**
Ge Renov
ge-renov.com

# 평면도

51㎡/15.4평
호주 시드니 브론테

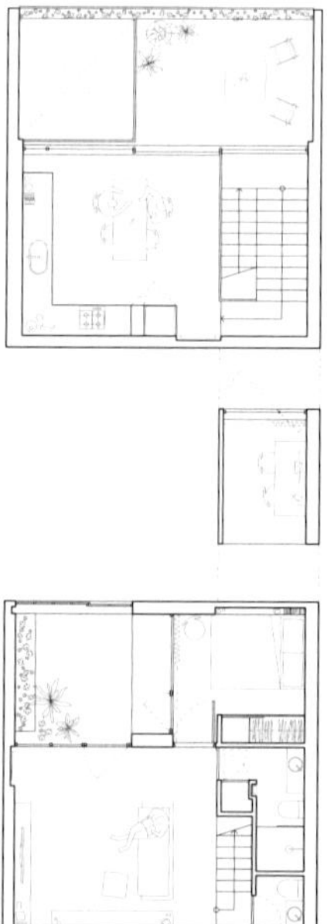



59㎡/17.8평
아르헨티나 부에노스아이레스
파르케 차카부코

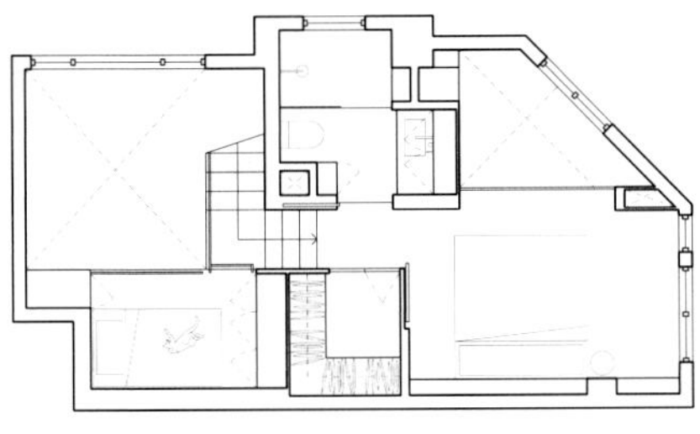

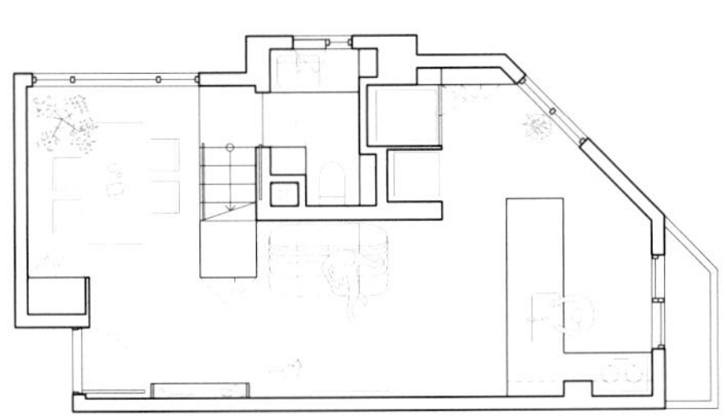

**IT의 집**  30쪽　　70㎡/21평
타이완 타이베이 원산구

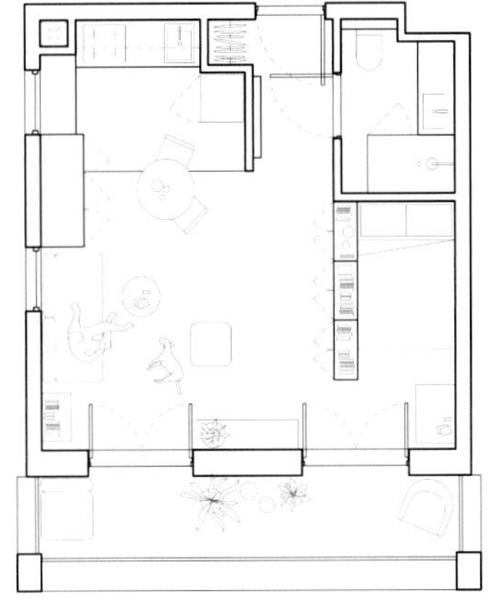

**르보프스카**  40쪽　　32㎡/9.7평
폴란드 크라쿠프 포드구르제

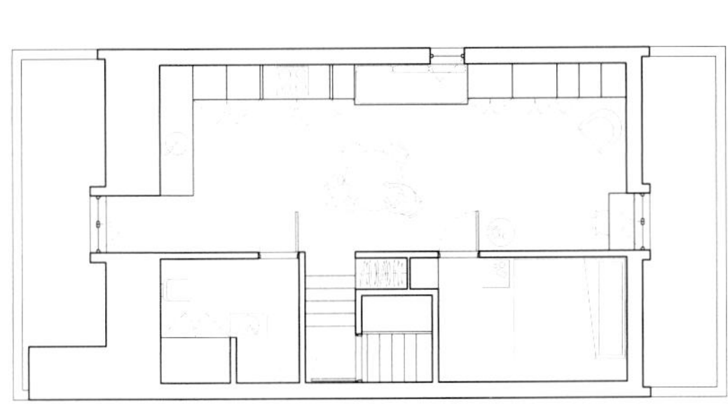

**마르빌라 다락방**  48쪽　　60㎡/18.2평
포르투갈 리스본 마르빌라

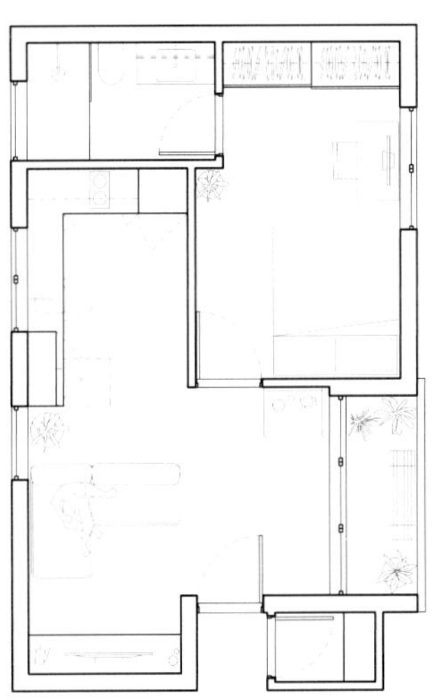

**파크 스트리트 아파트**  58쪽　　42㎡/ 12.7평
호주 멜버른 브런즈윅

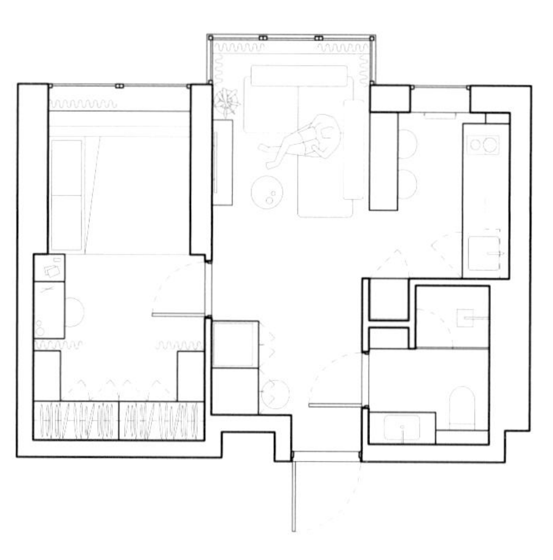

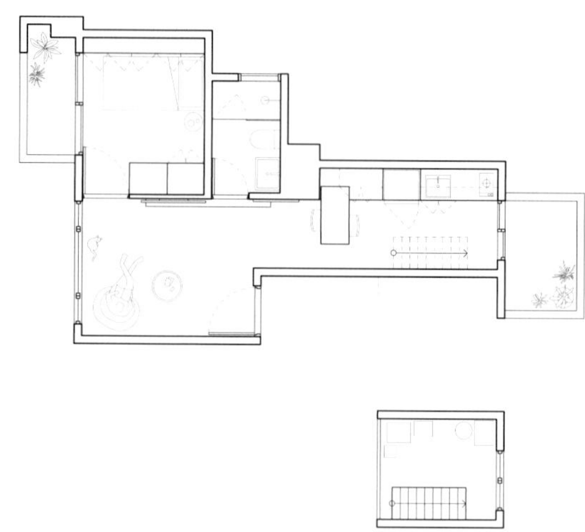

**핑크옐로**  68쪽

32㎡/ 9.7평
우크라이나 키이우 페이나 타운

**리밋 하우스**  76쪽

28㎡/ 8.5평
타이완 타이베이시 다퉁구

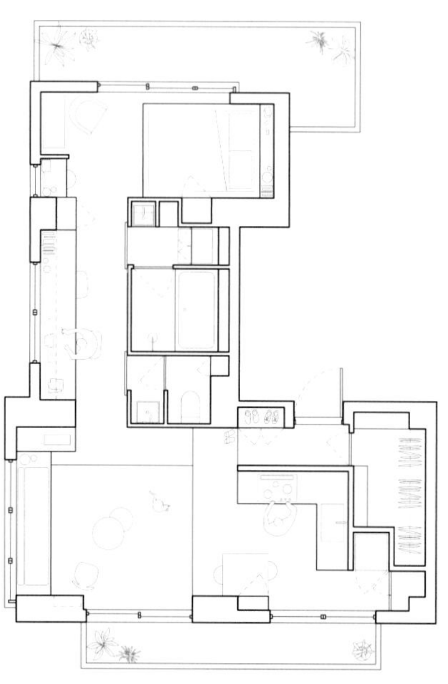

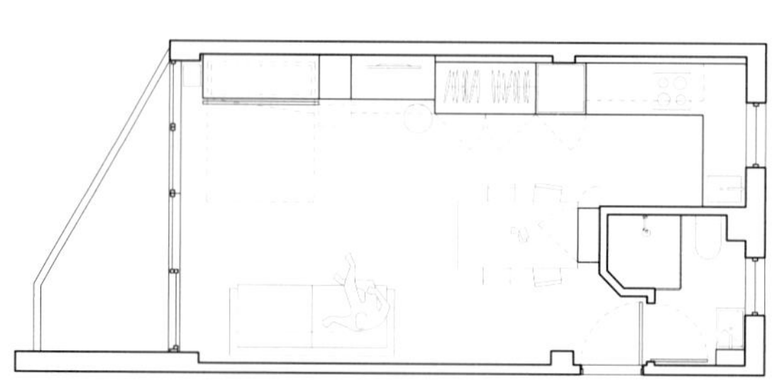

**아카쓰쓰미 집**  86쪽

46㎡/ 14평
일본 도쿄 세타가야

**마크 II**  96쪽

27㎡/ 8.2평
호주 시드니 러시커터스 베이

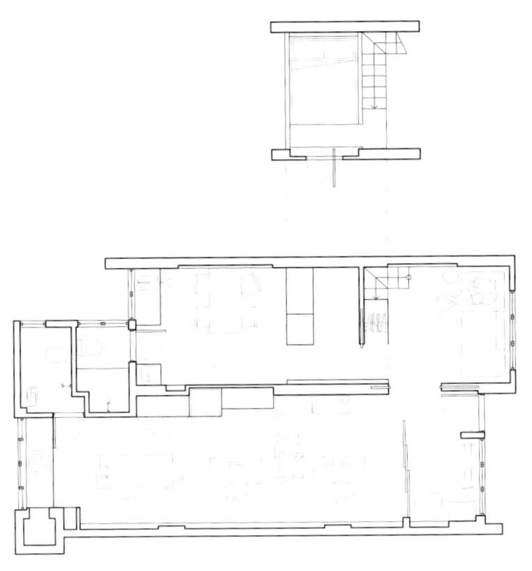

**프로젝트 #13**  104쪽

64㎡/ 19.4평
싱가포르 세랑군

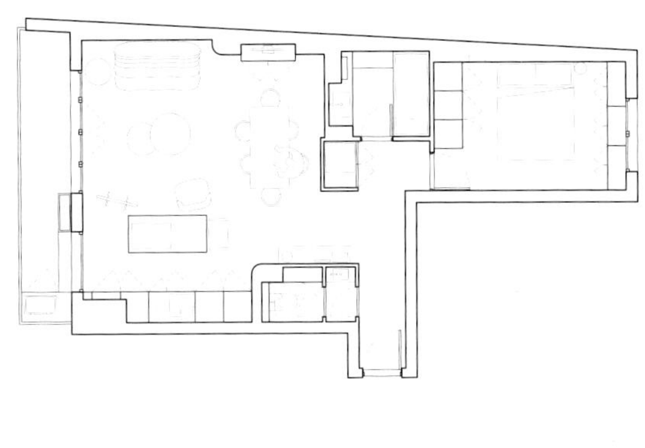

**VM36**  114쪽

53㎡/ 16평
프랑스 파리 피갈

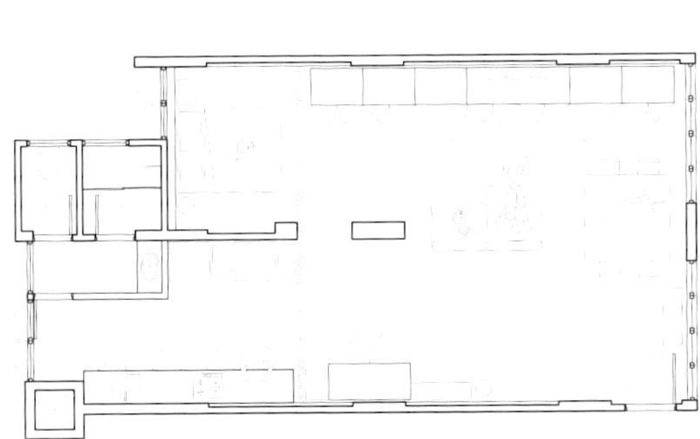

**워털루 스트리트**  124쪽

59㎡/ 17.8평
싱가포르 부기스

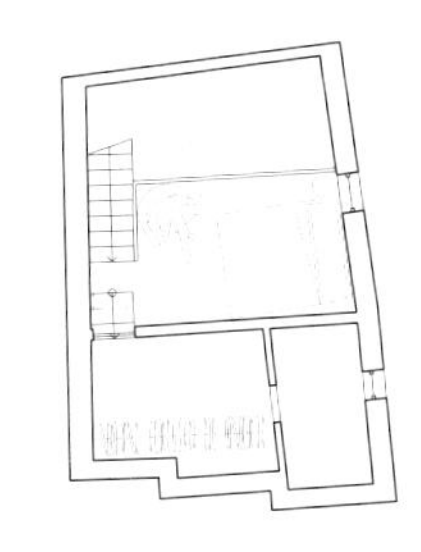

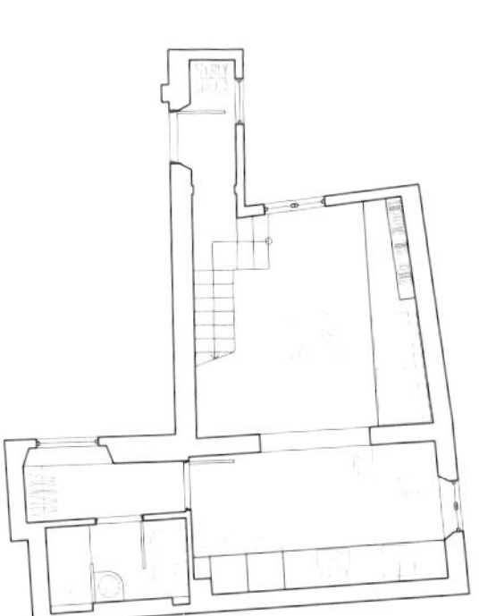

**플랫 일레븐**  136쪽

50㎡/ 15.1평
이탈리아 피렌체 올트라르노

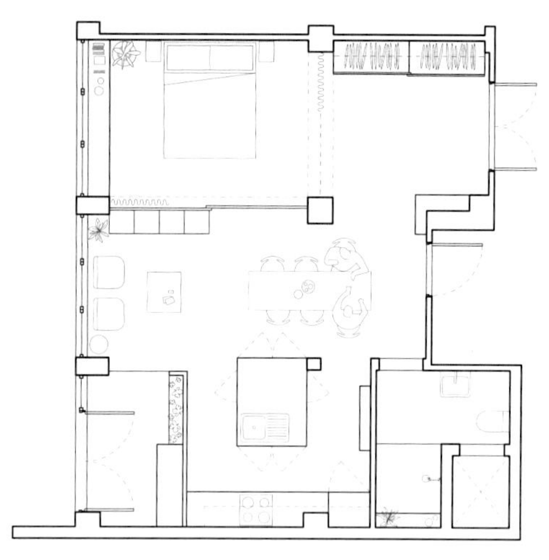

**일리우폴리 아파트**  144쪽    55㎡/ 16.6평
그리스 아테네 일리우폴리

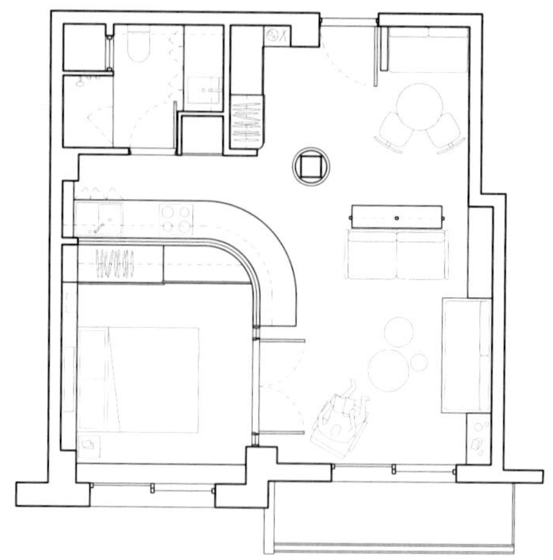

**콜로나키 아파트**  154쪽    48㎡/ 14.5평
그리스 아테네 콜로나키

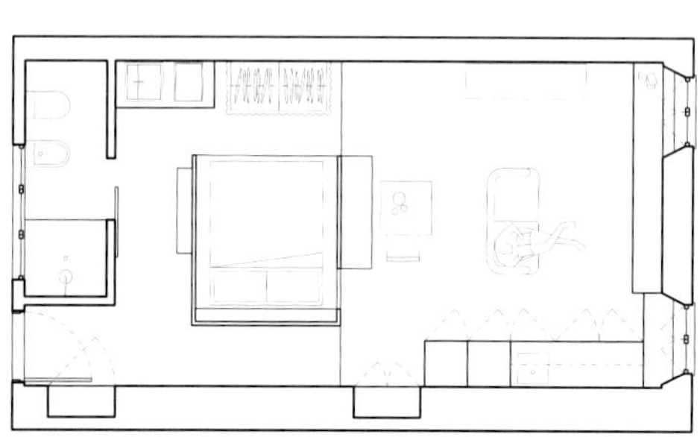

**모놀로칼레 EFFE**  162쪽    36㎡/ 10.9평
이탈리아 롬바르디아 만토바

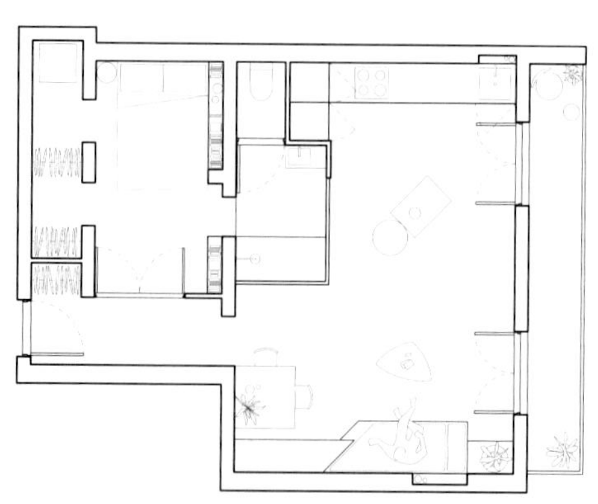

**스트로보스코프**  172쪽    42㎡/ 12.7평
프랑스 파리 오페라

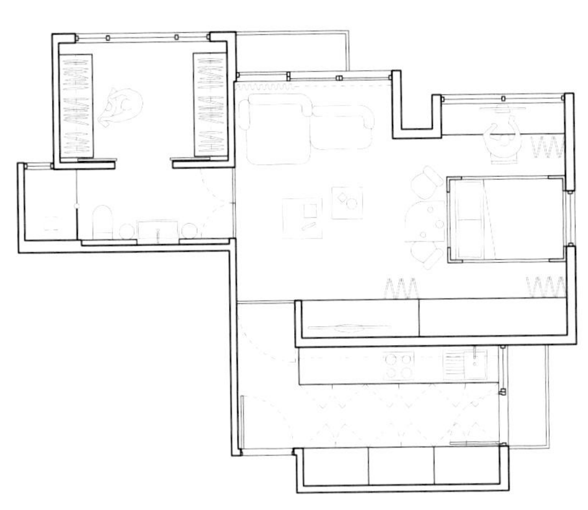

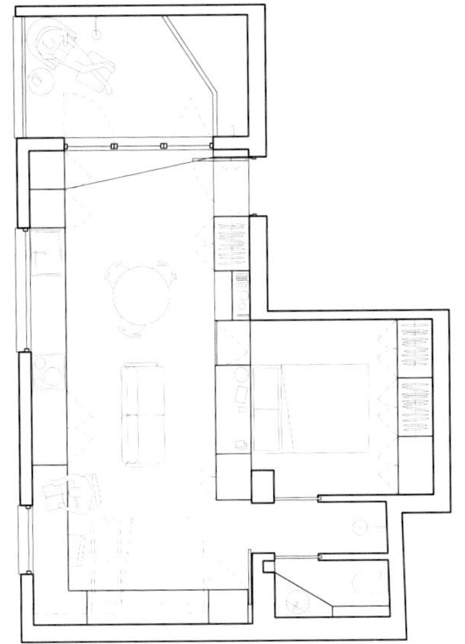

**캔디 큐브 레지던스**  180쪽

59㎡/ 17.8평
중국 홍콩 타이 항

**카사 잘라**  188쪽

47㎡/14.2평
스페인 마드리드 솔

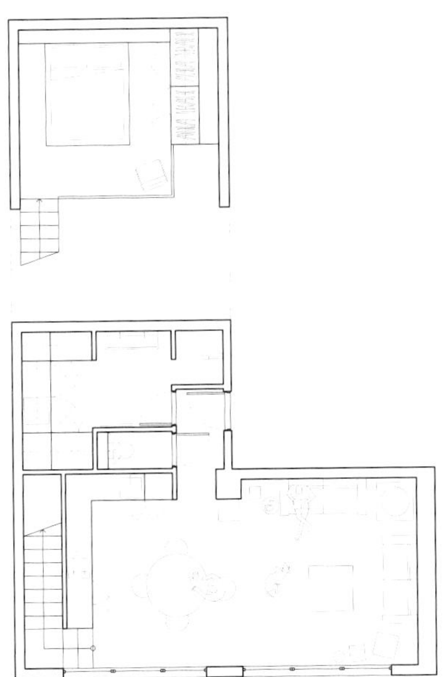

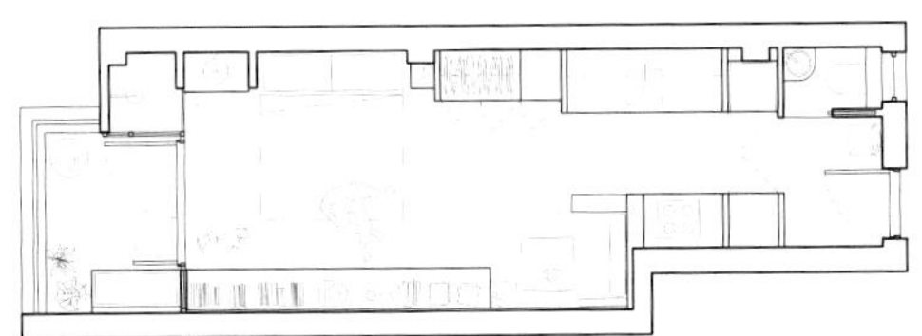

**맥시멀리스트**
**미니 로프트**  198쪽

57㎡/ 17.2평
프랑스 파리 바뇰레

**EG112 단순한 주택**  208쪽

34㎡/ 10.3평
스페인 바르셀로나 에이샴플레

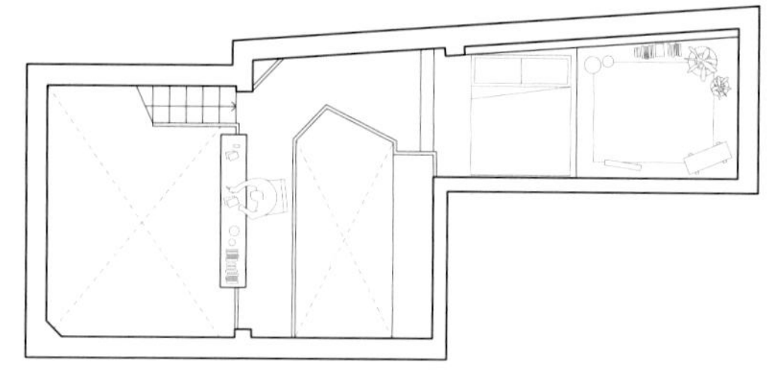
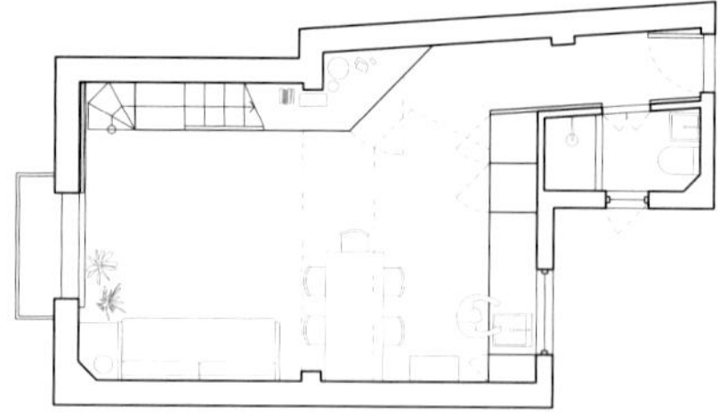

**코시모 피오바스코를
위한 집**  218쪽

45㎡/ 13.6평

스페인 마드리드 라스트로

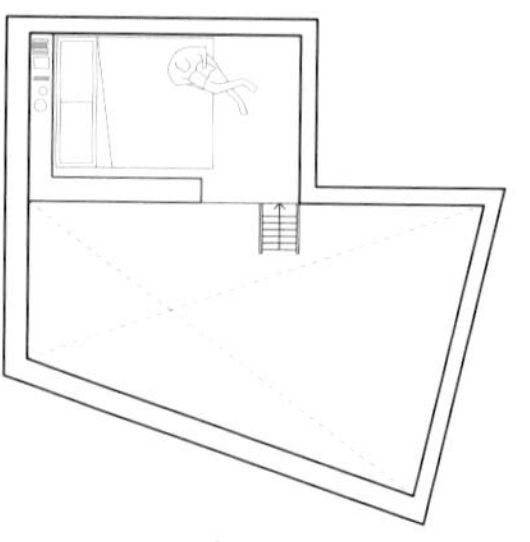
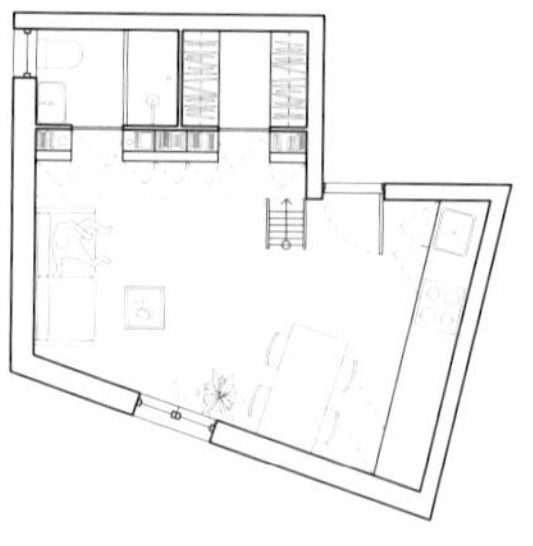

**주르댕**  228쪽

24㎡/ 7.3평

프랑스 파리 주르댕

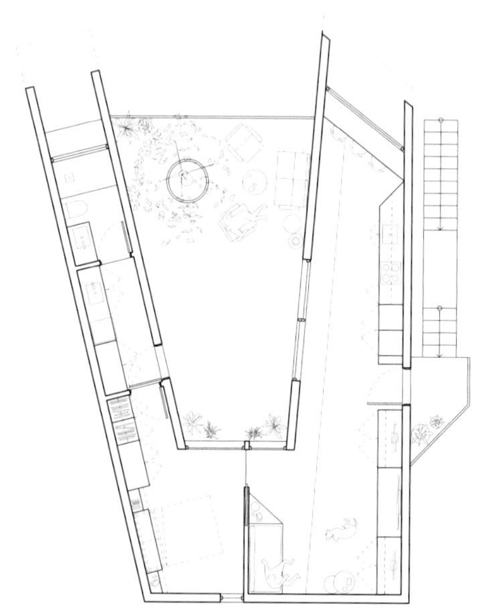

**페퍼 트리
패시브 하우스**  236쪽

54㎡/ 16.3평

호주 울런공 유낸데라

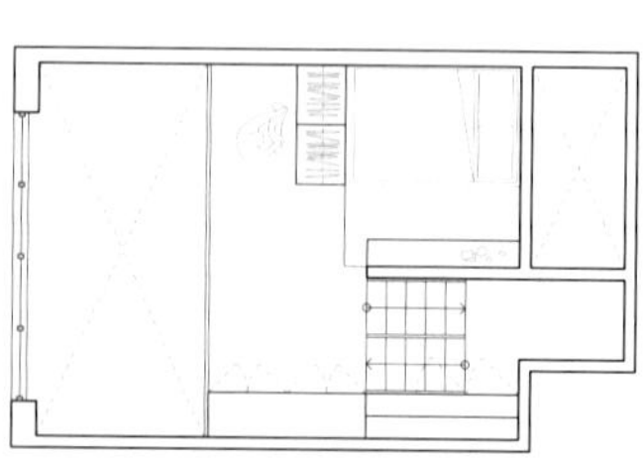
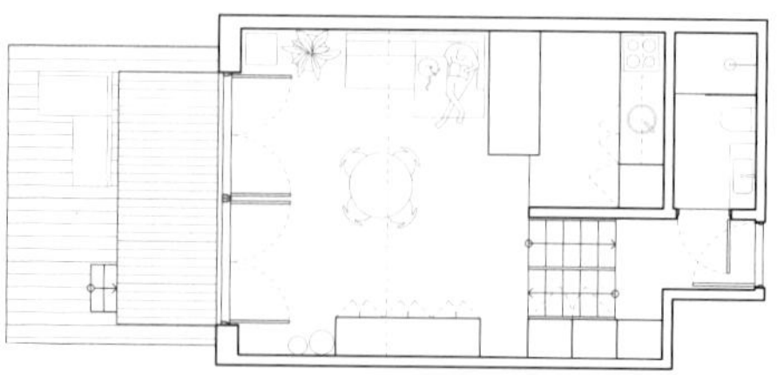

**스헤입스**  246쪽

45㎡/ 13.6평

네덜란드 암스테르담 동쪽 항만 지구

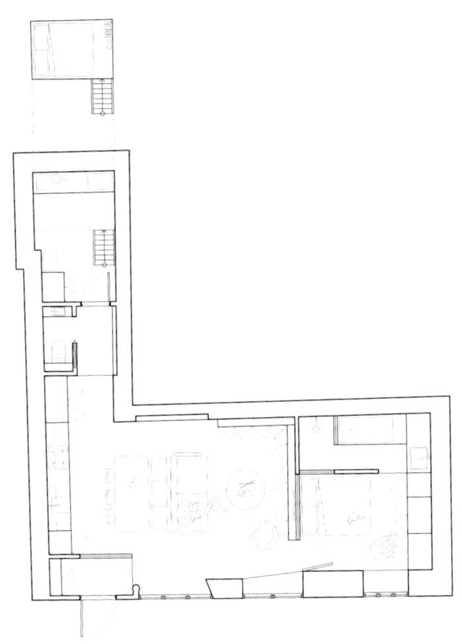
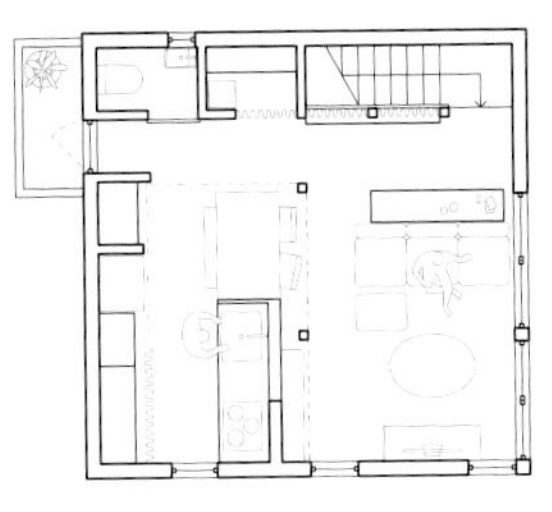
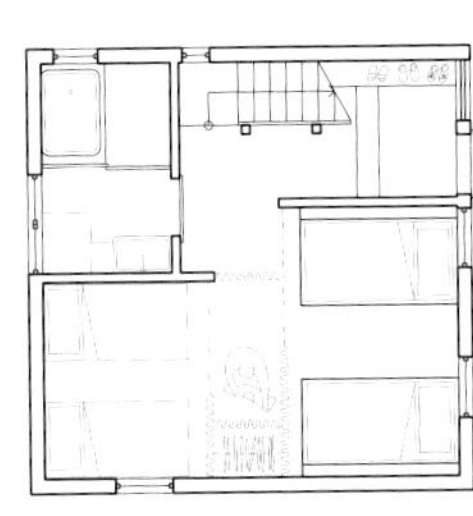

**크뤼솔**  258쪽                54㎡/ 16.3평
                              프랑스 파리 오베르캄프

**F-하우스**  266쪽              57㎡/ 17.2평
                              일본 오사카 히라카타

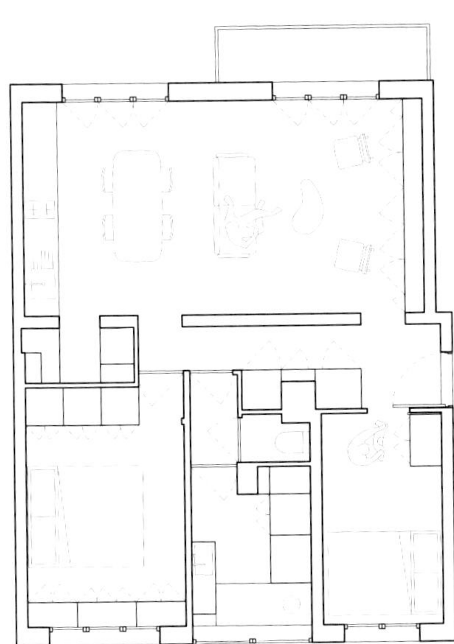
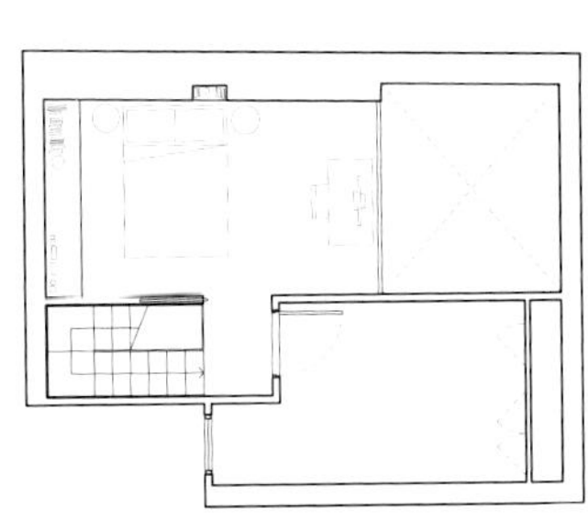
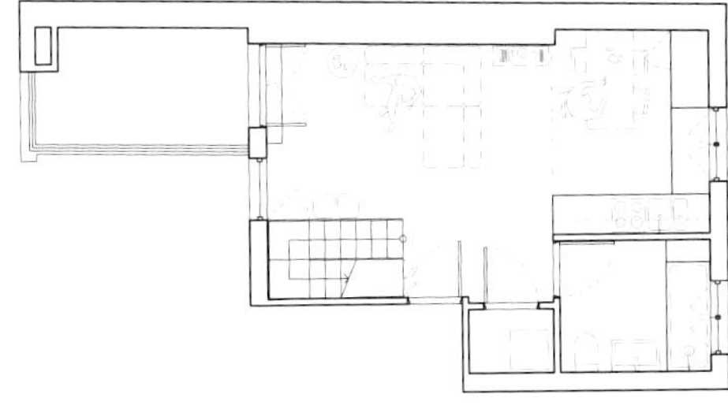

**푸르비에르 아파트**  276쪽        57㎡/ 17.2평
                              프랑스 리옹 푸르비에르

**파리 듀플렉스
익스텐션**  284쪽                45㎡/ 13.6평
                              프랑스 파리 포르트 디브리

# 감사의 말

이 책의 완성도는 여기서 소개한 놀라운 디자인들 덕분입니다. 무엇보다도 먼저, 훌륭한 프로젝트를 싣도록 허락해준 건축가와 디자이너에게 감사드립니다. 여러분들의 작업이 없었다면 '네버 투 스몰'은 존재하지 않았을 것입니다. 우리에게 영감을 주고, 아낌없이 지원해주어 감사합니다. 집주인과 거주자들에게도 고맙다는 인사를 전합니다. 너그러이 초대해주었고 아름다운 집을 시청자와 독자들과 공유해도 좋다며 신뢰해주었습니다.

멋진 집들의 사진 및 영상을 높은 퀄리티로 찍어준 사진가와 영상 제작자에게도 감사한 마음입니다. 이 이미지들을 애정을 담아 배치하고 설명을 덧붙일 수 있어 무척 기뻤습니다. 우리가 느낀 만큼, 여러분도 우리 채널과 책을 통해 즐겁길 바랍니다!

스미스 스트리트 팀: 폴, 에비 오. 스튜디오 그리고 탈리아에게 두번째 책을 만들 수 있도록 지원해줘서 고맙다는 말을 전하고 싶습니다! 우리는 이 협업을 자랑스럽게 생각하며, 이 아름다운 프로필을 기록하는 작업을 함께해서 참 기뻤습니다.

시청자와 독자들: 이 책이 존재할 수 있었던 건 여러분이 첫번째 책에 믿을 수 없을 정도로 많은 성원을 보내주었기 때문입니다. 여러분의 열렬한 반응이 우리가 높은 수준의 상품을 계속 만들어갈 수 있는 원동력이 되어주었습니다. 언제나 영원히 감사의 마음을 간직하겠습니다.

'네버 투 스몰' 크루: 제임스, 린지, 냄, 제스, 루크, 엘리자베스, 페트리나, 레코, 셉, 클래리스, 우리가 이 책을 만드느라 자리를 비우는 동안 팀이 운영되도록 이끌어주어 고마워요. 우리는 이 팀을 무척 사랑하고 매일 팀으로부터 영감을 얻습니다. 이 책은 우리 크루의 책이기도 합니다.

마지막으로, 우리가 실천하려는 원칙을 도입했거나 도입하려는 모든 사람들에게 감사를 표하고 싶습니다. 당신의 집, 공동체, 세상을 더 나은 곳으로 만드는 데 기여해주어 고맙습니다.

**— 콜린, 조엘, 커밀라**

이 책에 기여하고 여러 해 동안 '네버 투 스몰'을 지원해준 이들에게 전부 고마움을 표하려면 열 페이지는 써야 하지만 이 글을 읽으시는 분들은 스스로 본인이란 걸 알고 계시리라 믿습니다!

'네버 투 스몰' 팀과 스미스 스트리트 북스 출판사에 진심 어린 감사를 표합니다. 특히 조엘 비스와 커밀라 잰슨 밴 뷰런이 책을 멋지게 써주었다고 언급하고 싶습니다. 사랑하는 핵심 프로듀서 린지 바너드, 정말 고맙습니다. 그리고 우리를 믿어주고 테이트 모던의 책꽂이에 《네버 투 스몰》을 진열하는 저의 꿈을 이뤄준 폭 맥널리에게 깊이 감사하며, 행운을 바랍니다.

우리가 이 두번째 책을 만들 때 디자인과 지식을 기꺼이 공유해준 모든 건축가와 디자이너에게 감사드립니다. 이 아름다운 책을 디자인한 에비 오. 스튜디오의 재능 있는 팀에게도 고맙다는 말을 전합니다. 닉 에이지스와 조지 몰레트, 모두가 좋아하는 평면도를 그려준 점에 대해 감사를 전합니다.

무조건적인 사랑을 보내주고 내 꿈을 믿어준 부모님과 남매들에게도 고맙습니다. 끊임없이 지원과 사랑을 해주는 마크 알렉산더에게 특별히 감사드립니다.

마지막으로 바로 지금 이 글을 읽고 있는 당신에게 가장 깊은 감사를 전합니다. 이 놀라운 여정에서 우리를 응원해준 점에 대해 감사한 마음을 영원히 간직하겠습니다.

**— 콜린**

기꺼이 이 책을 천천히 보면서 내가 쓴 단어 하나하나를 읽으셨을 아버지 로스 비스께 감사의 마음 전합니다. 아버지의 관심 분야는 아니지만, 무언가에 호기심을 느끼고 저와 나눈 대화를 즐기셨을 겁니다. 아버지는 제가 첫 책을 냈을 때 자랑스러워하셨고, 이 두번째 책에 대해서도 마찬가지로 뿌듯해하셨으리라 생각합니다. 기억되어야만 할 사람, 알고 있어 좋았던 사람이었습니다.

나와 함께 이 책을 쓰는 데 동참해준 커밀라에게 정말 감사합니다. 이 일을 아주 진지하게 받아들이고 세심하게 문장을 만들어내었습니다.

린지, 지난번과 마찬가지로 이 책이 존재하는 이유는 바로 당신입니다. 창작 과정에 대한 당신의 이해와 엄청난 꼼꼼함이 아니었다면 이 책은 정돈되지 않은 미완성 아이디어 무더기에 불과했을 것입니다. 정말 고마워요. 책 말미의 짧은 인사보다 더 많은 인정을 받아야 합니다.

콜린, 고맙습니다. 난 당신이 세계를 보는 방식이 정말 좋습니다. 독자들에게 한 약속을 꼭 지키려 노력하고, 이 책에 관여하는 사람들이 보답을 받을 수 있게 하려는 당신의 열정을 사랑합니다. 우리가 높은 기준을 유지할 수 있도록 이끌어주어 감사합니다.

NTS 팀, 정말이지 믿을 수 없을 정도로 훌륭한 소규모 팀입니다. 우리의 야망과 업무 윤리, 이렇게 작은 팀이 만들어내는 결과물이 굉장히 자랑스럽습니다.

녹자 여러분, 이 책은 오직 여러분이 첫 책을 아낌없이 지원해주었기 때문에 가능했습니다. 진심으로 감사드리며, 두번째 책은 더욱 잘 만들려고 최선을 다했습니다. 이 책을 더욱 사랑해주시길 바랍니다.

크루인 폴. 탈리아. 에비 오에게 감사의 인사를 전합니다. 폴, 당신과 일하는 게 정말 좋아요. 당신의 실용주의와 비전이 아주 마음에 듭니다. 탈리아, 이 글은 당신의 글이기도 합니다. 인내과 꼼꼼함에 감사드립니다. 에비 오, 당신의 아름다운 디자인을 통해 우리의 설명에 생명을 불어넣어 주어 고맙습니다.

어머니 게이와 남매 벤과 케이트. 아버지를 잃고 최근 몇 년 동안 힘든 시간을 보냈습니다. 모두 정말 사랑합니다. 폭시, 해들스, 오시, 당신들은 나의 전부입니다. 영원히 언제나 사랑해요.

— 조엘

먼저, '네버 투 스몰' 팀이 내가 이번 여정에 합류할 때 무척 환영해주었다는 것부터 언급하고 싶습니다. 이 소중한 프로젝트를 믿고 맡겨줘서 감사합니다. 제작 하는 내내 즐거웠습니다.

조엘, 집필 파트너로서 나를 신뢰해주고, 글을 쓸 때 전적으로 자유를 준 점 고맙습니다.

탈리아, 테니스라도 하듯 기꺼이 이메일을 계속 주고받아준 것, 편집 과정에서 너무 주눅 들지 않게 해준 것에 감사합니다.

루실 이모, 여러 해 동안 글을 쓰라고 꾸준히 격려해주고 지도해준 점에 감사드립니다. 열정적으로 깊이 관여하며 내게 기사와 사례, 아이디어와 제안을 보내주는 마음에 늘 고마웠습니다.

케지아, 친구들에게 보내는 엄청나게 길고 자세한 문자 메시지 이상의 글쓰기를 해보라고 내게 말해주어 고마웠어요. 나한테 필요한 조언이었고, 좋은 아이디어였습니다.

길리, 짧은 대화 안에 지혜, 격려, 유머를 잔뜩 채워넣는 당신만의 재주에 늘 고마웠습니다. 내가 들어야 할 말을 해줘서 감사했습니다.

이번 프로젝트를 포함한 모든 프로젝트를 열성적으로 지원해준 로렌 파이. 내 영혼의 큰 부분을 차지하고 있는 오랜 우정에 감사합니다.

창의성이 표준인 가족 문화를 만들어주신 엄마 모린과 아빠 티모시께 고맙습니다. 그게 얼마나 특별하고 소중한 것인지 성인이 되고 나서야 깨달았습니다. 그리고 문자 그대로 끝없는 사랑과 지원에도 감사합니다. 사랑합니다.

타이런과 조엘, 우린 같은 부류의 사람으로 작가가 바랄 수 있는 최고의 형제들입니다. 둘 다 사랑합니다.

크리스천, 크고 작은 모험을 겪는 동안 내 손을 잡아주어 고마웠어요. 당신의 엄청난 힘든 노력과 지원도 감사해요. 당신의 모든 사랑만큼, 나는 당신을 사랑합니다.

해리엇, 내가 아는 최고의 세 살 아기야. 내가 랩탑을 두드리느라 바쁠 때 그림을 그려줘서, 내게 넌 할 수 있다는 말이 꼭 필요했을 때 "엄마는 하는 거야!"라고 말해줘서 고마워. 내가 네 엄마라니 난 정말 운이 좋아. 사랑해, 해리엇 와일더.

린지-제인, 이번 기회, 인생을 바꾸고 긍정적인 힘을 주는 당신의 우정, 나에 대한 당신의 믿음, 당신의 조언, 피드백, 사랑, 유머, 아이디어, 그리고 더 많은 사랑. 이 모든 것에 감사합니다. 언제나.

— 커밀라

## '네버 투 스몰'에 대하여

'네버 투 스몰'은 작은 공간에서의 삶을 더 좋게 만들고 싶다는 바람에서 시작했다. 유튜브 채널로 조촐하게 시작했던 '네버 투 스몰'은 유튜브 시리즈와 리미티드 다큐멘터리 시리즈, 다양한 텔레비전 시리즈 및 여러 책(그중 두번째 책을 당신이 읽고 있다), 디지털 가이드 시리즈를 만드는 현대 미디어 기업으로 성장했다. 이를 통해 점점 늘어나는 글로벌 독자 및 시청자들에게 작은 주거 공간 생활을 위한 지식과 영감을 공유하고 있다.

지식과 영감을 나누려는 열망은 '네버 투 스몰' 모든 활동의 핵심으로 자리 잡았다. 이들은 점점 작은 주거 생활을 옹호하는 역할을 맡고 있는데, 더 창의적이고 사려 깊으며 지속 가능한 설계와 삶의 방식을 적극적으로 지지하고 제안하는 중이다.

'네버 투 스몰'의 콘텐츠는 《월 스트리트 저널》《뉴욕 타임스 매거진》《가디언》《엘르 데코》에 실렸으며, 크리에이터이자 CD인 콜린 치는 전 세계 이벤트에 연사로 초대받았다. 콜린과 핵심 팀은 호주 멜버른에 있지만, 재능 있고 대단한 세계 곳곳의 협업자 팀의 지원을 받고 있다. 이들은 작은 공간에 대한 디자인과 사고가 핵심 역할을 하는, 보다 지속 가능하고 포용적이며 회복력이 강한 도시의 미래 방향성을 공유한다. '네버 투 스몰'에 대한 더 자세한 사항은 nevertoosmall.com에서 확인할 수 있다.

## 옮긴이 이원열

번역가 겸 뮤지션. '헝거 게임' 시리즈, '스콧 필그림' 시리즈, '트와일라잇' 시리즈 중 《브리 태너》 그리고 《오아시스 더 마스터플랜》《내 어둠의 근원》 등의 책을 옮겼다.

## 감수 건축사사무소 서가

박혜선과 오승현이 대표 건축가로 있다. 도시 속 다양한 규모의 건축을 통해 공간의 밀도와 삶의 방식을 탐구하며 깊이 있는 공간을 만들어가고 있다. 장소의 맥락과 구조적 질서를 바탕으로 절제된 재료를 사용하고 디테일을 구현하는 것을 설계의 중요한 가치로 삼는다. 한국건축문화대상, 경기도건축문화상, 인천광역시 건축상, 진주시 건축상, 부천시 건축·공간문화상, 강남구 아름다운 건축상 등을 받았다.

designseoga.com

네버 투 스몰

작아도
편리하고 아름다운 집
인테리어 디자인